가는 날이 제철입니다

전국 오일장과 지역의 맛을 찾아서

가는 날이 제철입니다

김진영 지음

상상출판

프롤로그

화면에 깜빡이는 커서를 잠깐 지켜 보고 있었다. “시장 왜 가지?” 이런 질문을 던지면서 말이다. 곰곰이 생각했다. 3년, 짧지 않은 시간을 돌이켜보며 얻은 답은 가야 할 ‘때’. 마을이 쇠하고, 면이 쇠하는 곳이어도 장은 섰다. 사람이 없음을 알고 있다. 때가 되면 판을 깔고, 때가 되면 딱히 살 것이 없어도 장에 가는 버스에 올라탄다. 관성. 그렇게 살아왔기 때문이다. 장터라는 게 물건만 사는 곳이 아니다. 사람이 있다. 영순 할매가 있는, 건넛마을 대구댁하고 만나 이바구 하려면 장터에 가야 한다. 장터 가는 목적에 ‘만남’ 추가다.

장터에 팔러 나온, 사러 나온 할매들에게는 급함이 없다. 장을 이끄는 장돌뱅이들과는 다르다. 장을 펼쳐 놓고는 두런두런 이야기에 빠져 있다. 물건을 살 때 다른 것도 넌지시 사라 권한다. 안 사도 그만이다. 봉다리에 담아 건네고, 돈 건네받으면 다시 이야기 속으로 들어간다. 장을 다 본 할매들은 검은빛 반짝반짝 빛나는 택시가 옆에 있든 말든 급함이 없다. 버스 시간이 한참이 남아도 상관없다. 버스 정거장에서 이야기 삼매경에 그 시간도 후딱이다. 장터에 나온 할배들은 막걸릿집, 국밥집에 앉아 또 다른 이야기 세상을 열고 있다. 전국 어디를 가나 오일장에서 흔히 보는 풍경이다.

오일장은 동네 사람들 모이는 곳. 마트와 백화점과 다른 것은 바로 아는 사람을 자주 만난다는 것. 내가 사는 양천구에서 시장을 다니거나 대형 할인점을 간들 아는 사람 만나기는 불가능하다. 오일장에서는 50보도 가기 전에 인사 나누는 이들을 흔히 볼 수 있다.

오일장, 백화점, 온라인 장터 등 이런 업태를 ‘유통(流桶)’이라 한다. 물건을 돈으로 바꾸는 곳이다. 인생사에서 유무형의 재화가 오가지 않는 곳이 없다. 곡을 쓰고, 그림을 그리거나 해서 돈을 받은 것 또한 유통이다. 연기도 그렇고, 사무실에서 일하는 것도 같다. 예전에 그런 것이 모이는 곳이 장터였다. 지금 TV에서 그리는 풍경인 국밥, 오뎅, 족발, 치킨 먹으러 가는 곳이 아니었다. 사람을 만나야 일이 풀리던 시절, 장터는 산골의 애니콜이었고, 해안가의 걸리버였다. 그런 장터가 멈추려고 한다.

관성의 법칙처럼, 구르던 돌은 구르려고 한다. 오랫동안 오일장은 우리네 주변을 굴러다녔다. 인구 감소하는 농촌에서 더는 밀어줄 사람이 없어 이미 멈췄거나 관성의 힘으로 겨우 돌아가는 곳이 많다. 언젠가는 멈추겠지만, 그 시간을 늦출 수 있다면 그리하는 게 좋겠다는 생각이다. 별거 없다. 여행을 오가는 일정 사이에 전국 오일장을 넣어 보자. 외지의 사람이 한 명, 두 명 늘어나면 장터의 기운이 달라진다. 비행기 타고 가는 제주도도 마찬가지다. 당장 사는 사람을 늘릴 수는 없지만 장터에 사람이 들어오면 된다. 장터에 사람과 돈이 돌면 사람은 자연히 는다. 돈이 고였다가 흐르는 곳은 살지 말라고 해도 산다.

시장마다 억지로 만든 청춘 점방들 보면 짠하다. 사람이 없어, 돈이 말라버린 곳에 청춘이라고 딱히 무엇을 할 수 있는 것이 없음에도 그리하라고 한다. 사시사철 지역이 맛으로 빛나지 않는다. 우리 지역이 언제, 무엇이 가장 맛있는지 알리는 것이 청춘에 구걸하는 것보단 의미가 있는 듯싶다. 맛집 검색할 때 오일장도 검색을 해보자. 계절 따라 여행 갈 때 한 번만이라도 오일장을 일정에 넣자. 그런 과정이 쌓이고 쌓이면 좋은 결과가 오지 않을까 싶다. 농촌 소멸 뉴스에 혀만 차지 않았으면 한다. 기왕에 간다면 이 책이 참고자료가 되었으면 한다. 제철 먹거리를 알고 계획을 짠다면 여행은 한 뼘 더 맛으로 빛난다.

시장, 아는 만큼 맛있어진다.

목차

006 프롤로그

1장 경기도

014 강화 초봄부터 여름 초입에는 밴댕이, 삼복더위에는 강화 장어
026 양평 예쁜 카페도 많지만 아기자기한 시장도 있어요
036 옹진 다양한 섬이 있는 인천, 그 섬의 다양함을 맛볼 수 있는 장터

2장 강원도

048 양양 양양의 봄, 장터에는 산나물이 가득
058 인제 시장 보러 가지 마세요 대신 맛보러는 가세요
066 영월 장 보러 갔다가 별도 보고 왔지요
076 평창 한반도의 여름 텃밭 평창, 덤으로 칡소도 맛볼 수 있어요
084 화천 코소한 콩탕과 쫄깃한 수리취떡, 여름 강원의 참맛
092 동해·삼척 가 볼까 했던 장터, 돌아올 때는 전국 최고의 장터
102 정선 예전 정선은 탄광과 산나물, 요즈음 정선은 짬뽕과 소머리수육

3장 충청도

114 제천 약초의 고장 제천에서 맛보는 산나물 닭볶음탕

122 보령 키조개 관자의 고장, 구이도 짬뽕도 맛나요

132 괴산 시장 구경은 괴산오일장, 버섯 구경은 청천전통시장

142 서산 오일장이 없어도 괜찮아유 시장이 있잖아유

152 예산 빨주노초파남보 무지개빛은 아니어도 팥이 붉지만은 않아요

162 태안 긴 해안선만큼이나 맛난 것들이 나는 동네, 태안

4장 전라도

172 남원 미국에서 온 버크셔 돼지, 이제는 남원에 정착했어요

180 담양 대통밥과 떡갈비는 담양의 맛 중 하나일 뿐

190 함평 몰라보게 달라진 시장, 몰라봤던 낙지의 맛

200 영광 영광 하면 굴비 아니죠, 영광 하면 순댓국

210 장흥 풀 먹인 소 아세요? 참으로 맛이 다른 소입니다

220 고흥 전국에서 가장 예쁜 해안도로가 이어지는 곳

232 해남 낙지, 굴, 삼치, 겨울 해남은 무엇을 먹어도 맛나다

5장 경상도

244 문경 우연이 선물한 기가막히게 근사한 필연
252 사천 잘 나가다가 삼천포에 빠지는 이유는? 나는 것들이 다 맛있기 때문!
262 창원 이제부터 창원에서는 아구찜 대신 복불고기
272 경주 추석이 다가올수록 더 달곰해지는 노오란 햇배의 유혹
282 봉화 낙동강 머금은 은어 한 점에 솔향 품은 불고기 한 입
290 함양 빨갛게 물든 아오리사과 한 입에 잊게 되는 파란 사과의 기억

6장 제주도

302 세화 바다 구경 시장 구경 겸사겸사 나들이
312 서귀포 1년 중 제주가 가장 맛있어지는 시기, 겨울
322 대정 규모는 작아도 제주에서 가장 옹골찬 시장

332 에필로그

1장

경기도

강화 * 양평 * 옹진

인천 강화

여름

초봄부터 여름 초입에는 밴댕이, 삼복더위에는 강화 장어

석모도의 노을

인천에서 1990년까지 초중고를 다닌 내게 강화도는 '소풍의 섬'이었다. 외지인들에게는 관광지지만 누군가에게는 저주의 대상이었던 소풍 장소가 다들 하나쯤은 있을 것이다. 섬이라는 게 본디 로망, 선망 이런 것들을 같이 떠올리게 하지만, 나와 같은 시기에 인천에서 학교에 다녔던 이들에게 강화도란 '작년에 또 갔던 거기'일 뿐이었다.

강화도는 나에게 낚시의 섬이기도 하다. 아버지 따라 부평소방서 앞에서 시외버스 타고 강화 가던 새벽 버스의 풍경이 선명히 남아 있다. 새벽잠을 설치고 도착했던 저수지 앞을 출장길에 어쩌다 지나면, 40년 전 아버지와 금빛 석유 버너로 라면 끓여 먹던 생각이 풍경처럼 나타났다가 사라진다.

강화도는 다리 두 개로 육지와 연결된 섬이다. 내가 소풍 다닐 때는 강화대교 하나뿐이었지만 지금은 김포 대명항과 연결된 초지대교도 있다. 또한 수십 개의 부속 섬을 품고 있는 곳이 강화도다. 강화도의 부속 섬 중 가장 큰 교동도와 석모도는 근래에 강화도와 다리로 연결되어 더는 섬 속의 섬이 아니다. 석모도는 편하게 오고 갈 수 있지만, 북한을 마주한 교동도는 다리를 건너기 전에 간단한 신고 양식을 작성해야 들어갈 수 있다.

강화도를 여행하다 보면 의외로 큰 규모에 놀란다. 많은 섬을 품고 있는 한반도에서 강화도는 제주, 거제, 진도 다음으로 큰 섬이다. 비록 섬이지만 산과 산 사이에 들판이 사뭇 넓다. 한강과 임진강이 만나는 지점이다 보니 나는 수산물도 다양하거니와, 넓은 논과 밭에서 나는 것들도 많다. 2일과 7일이 들어가는 날에 강화풍물시장에 오면 다양한 강화도의 농산물을 만날 수 있다.

7월 2일, 강화풍물시장(2, 7장)은 콩과 마늘 판이다. 본격적인 마늘 수확 철인지라 오일장 열릴 때마다 특설 매장도 같이 열린다. 마늘 구매하기 딱 좋은 시기다. 요리할 때 마늘이 빠지면 심심하다. 라면에 바로 깐 마늘을 칼등으로 다져 넣기만 해도 향이 달라진다. 다진 마늘은 사용하기 편리하지만, 마늘 향이나 맛은 가장 약하다. 마늘을 다지고는 구연산을 넣어 갈색으로 변하는 것을 막았다. 색은 막 다진 것과 비슷하지만 맛은 천지 차이인 이유다. 마늘 향을 잘 살리려면 요리할 때마다 까는 것이 좋지만 귀찮음을 이겨내야 가능하다.

6월 강화 장터에는 마늘이 천지다. 강화 마늘 또한 맛 좋기로 유명하다.

양쯔강 남쪽에서 왔다해서 강남콩. 강낭콩이 맞다.

한국에 유명한 마늘 산지가 여럿 있다. 서산과 태안, 단양, 의성 등 추운 곳에서는 한지형 마늘을 주로 생산한다. 일반적으로 육쪽마늘이라고 하는 것이 한지형 마늘이다. 난지형 육쪽마늘은 그리 불러도 마늘 쪽수가 여섯 쪽이 더 많다는 의미다. 보통 마늘은 6~8개다. 난지형 마늘은 상대적으로 따듯한 곳인 고흥, 제주, 남해 등에서 많이 난다. 한지형 마늘은 수확해서 다음 해까지 저장하고 먹을 수 있다. 따듯한 지역에서 나는 것들은 저장성이 약해 주로 마늘장아찌를 담는다. 강화도도 단양이나 의성처럼 한지형 마늘이 많이 나는데, 저장성과 알싸한 맛이 좋다. 통마늘을 선택할 때는 오래 두고 먹을 것이라면 한지형 마늘을 선택하면 된다.

여름에 나는 콩은 가을에 나는 두부나 메주 만드는 콩과는 다른 콩이다. 유럽에서 온 완두콩, 중앙아메리카에서 온 강낭콩이 대표적인 여름 콩이다. 두부 만드는 백태는 한반도 및 만주가 원산지다. 지역마다 차이는 있지만, 4월쯤에 강낭콩을 심고 석 달 정도 키우면 수확할 수 있다. 집마다 울타리가 있던 시절, 초봄에 심어 놓으면 장마가 올 때쯤 수확하던 콩이라 울타리 콩이라고도 했지만, 피는 꽃이 예뻐 일부러 심기도 했다고 한다.

강낭콩을 '강남콩'으로 많이들 잘못 사용하지만 크게 잘못 사용한 것은 아니다. 《한국민족문화대백과》에서는 강낭콩이 중국 남쪽 지방에서 온 것이라 강남콩(江南豆)이라 했을 것이라 추측하기도 한다. 강낭콩은 품종이 천여 가지가 될 정도로 다양하다. 예전에는 아이보리

색에 적색 무늬가 있는 강낭콩이 많았다. 호랑이강낭콩이라 하지만 경기도 농업기술원에서 육성한 선두강낭콩과 구별하기가 쉽지 않다. 검은빛이 반짝 빛나는 것은 흑강, 붉은빛은 자강이다. 색이 검든, 희든 강낭콩은 늦가을에 수확하는 콩과 달리 딱딱하지 않기에 쌀과 함께 넣어 밥 짓기 편하다. 강낭콩 성분의 대부분이 전분이라 삶으면 밤 맛이 나기도 한다. 전분이 많아 단팥빵이나 호두과자에 쓰는 백앙금 중 일부를 강낭콩으로 만들기도 한다.

오일장은 상설 시장인 강화풍물시장 주변에서 열린다. 강화풍물시장에 수산물과 채소, 과일 등을 파는 상점이 많은 와중 유독 불빛이 강렬한 '현용이네김치'가 눈길을 끌었다. 제철인 열무와 강화도 대표 반찬인 순무로 김치를 한창 버무리고 있었다. 순무의 맛은 알싸하다. 무와 비슷하지만, 무의 매운맛과는 다른 알싸함이다. 특히 밴댕이젓

현용이네김치

소문난떡집

으로 담근 순무 김치는 오래 두고 먹을수록 제맛이 깊어진다.

강화풍물시장의 2층은 식당가다. 메뉴 대부분은 밴댕이를 비롯한 주변 바다에서 나는 수산물로 만든 것이다. 주전부리 메뉴로 수수부꾸미나 찐빵도 있지만, '소문난떡집'의 떡이 눈에 띈다. 봄철 여린 쑥을 채취한 것을 말렸다가 떡으로 만든다. 쌀이나 콩까지 강화산만 고집한다. 새벽녘에 치댄 떡 반죽에 콩고물을 묻힌 것도 맛있지만 개떡이 오롯이 쑥 향을 느끼기에 좋다. 강화오일장을 구경하러 간다면 순무김치나 쑥떡은 꼭 먹어봐야 한다.

강화읍내에서 외포리까지는 차로 약 30분 걸린다. 거리상으로는 15km 남짓이지만 고려산과 혈구산 사이의 산길을 지나야 하는 까닭에 시간이 좀 걸린다. 석모대교가 생기기 전에는 석모도, 볼음도를 오가는 차로 붐비는 곳이었다. 카페리호를 타기 위해 대기하던 곳 주변에 음식점이 생기고 주차장이 들어섰다. 그 오래전부터 외포리를 지키던 곳 중 하나가 보문국수다. 경주 감포나 동해안을 가야 맛보던 회국수를 강화도에서도 맛볼 수 있다. 회는 그때그때 달라진다고 하는데 5월과 7월 사이에는 큰 변화가 없었다. 5월에 나왔던, 병어, 밴댕이, 광어가 여전히 7월에도 나왔다. 회국수뿐만 아니라 인근에서 채취한 조개로 끓인 칼국수도 일품이다. 생선회를 작은 접시 단위로 팔기도 해 부담 없이 즐길 수 있다.

강화도에 들어서면 제일 많이 보이는 것이 장어집이다. 그다음이 밴댕이집이다. 초지대교나 강화대교를 건너면 제일 먼저 반긴다. 강화도 장어는 전라북도 고창에서 대부분 온다. 고창에서 키운 것을 그대로 내는 곳도 있지만, 강화갯벌장어는 강화도에서 75일 정도 자연

보문국수

소루지갯벌장어양식장 1호점

조건과 유사한 환경에서 사육한다. 별도의 사료를 주지 않고 바닷물이 들고 날 때 유입되는 먹이만 먹거니와, 밀집 사육을 하지 않기에 운동량이 많아 육질이 쫀득하고 담백하다. 나는 기름진 음식을 잘 못 먹는다. 대표적인 음식이 등급 높은 소고기와 장어다. 장어도 바닷장어인 붕장어는 그나마 먹지만 민물장어는 못 먹는다. 강화갯벌장어는 붕장어와 비슷할 정도로 담백하다. 쫀득한 살을 씹으면 고소함이 남다르다. '소루지갯벌장어양식장 1호점'에서 맛볼 수 있다. 밑반찬이 거의 없다. 내가 좋아하는 스타일로 장어만 실한 곳이다. 밥도 즉석밥을 낸다.

강화도에서 많이 나는 밴댕이, 표준명은 반지다. 겨울 동안 깊은 수심에 머물던 밴댕이가 따듯한 오월에는 기수역(汽水域)으로 몰린다. 기수역은 큰 하천과 바닷물이 만나는 지점이고, 강화도는 한강과 임진강이 만나는 기수역이다. 7월이면 밴댕이의 개체 보존을 위해 금어기에 들어간다. 금어기 들어가기 전 잡아 급랭한 것을 7월부터 낸다. 제철의 것만큼은 아니더라도 지방의 농후한 맛과 고소한 맛이 좋은 게 바로 밴댕이회다.

밴댕이회는 초장이나 간장보다는 초된장과의 궁합이 더 좋다. 식초의 신맛이 밴댕이의 기름진 맛을 지그시 눌러 맛의 조화가 괜찮다. 강화도 전역에서 즐길 수 있는 음식 중 하나다. 읍내 강화풍물시장도 좋지만, 밴댕이 마을이 있는 선수포구가 바다 보며 회 한 접시 하기 좋다. 밴댕이 마을이 있는 선수포구에는 선주가 운영하는 횟집들이 있다. 차림새나 가격은 같다. 편한 곳에 자리 잡으면 된다.

붕어찜, 먹어 본 사람이 많지 않은 음식이다. 민물고기 요리 중에서 사람들이 가장 많이 먹은 것은 아마도 추어탕일 것이고 그다음이 매운탕일 것이다. 민물고기는 특유의 흙내가 있어 멀리하는 사람도 있지만, 조리만 잘하면 걱정 없이 먹을 수 있다. 개인적으로 추어탕이나 매운탕보다는 붕어찜이 좋고, 추억의 음식이다. 아버지랑 낚시 갔다 오면 어머니가 해주시던 음식이 바로 붕어찜이었다.

강화도는 근래에는 많이 퇴색됐지만, 오래전부터 수도권에서 이름난 낚시터였다. 그런 강화 읍내에서 얼마 떨어지지 않은 숭뢰저수지 근방에 이름난 붕어찜 요리하는 곳이 있다. '돌기와집'이다. 강화도에서 붕어가 많이 날 때는 근방의 것을 사용했지만 지금은 충청남도

깻잎 위에 올린 밴댕이와 초된장의 궁합은 끝장이다.

돌기와집

예당저수지의 것을 사용하고 있다. 붕어찜 요리하는 곳이나 방송, 뉴스의 기사를 보면 대부분 붕어 명칭을 잘못 부른다. 참붕어라고 설명을 많이 하는데, 참붕어는 같은 잉엇과의 작은 물고기다. 참붕어는 크게 자라도 4cm 내외다. 붕어를 참붕어라 부르는 것은 일본에서 들어온 떡붕어, 그리고 양어장 낚시가 유행하면서 들어온 중국산 붕어와 구분 짓기 위해 붕어 앞에 '참'을 붙여 구분 지으려는 의도로 그리 부른 듯싶다. 식당 메뉴 설명에도 참붕어로 요리한다고 되어 있지만 실제로 나온 것은 떡붕어였다. 떡붕어는 토종붕어보다 체고가 높아 살집이 많지만, 반면에 잔가시도 많다. 매콤하게 조린 붕어와 양념 없이 삶아 낸 시래기를 양념 국물에 푹 적셔서 먹는 맛이 일품이다. 최근 모 방송에 나온 탓에 오후 늦게 가면 재료가 떨어져 못 먹을 수 있다. 가기 전 전화 확인이 필수다.

상점 정보

- 현용이네김치 **주소** 인천시 강화군 강화읍 중앙로 17-9 강화풍물시장 내 **전화** 032-932-6789
- 소문난떡집 **주소** 인천시 강화군 강화읍 중앙로 17-9 강화풍물시장 내 **전화** 032-933-5688
- 보문국수 **주소** 인천시 강화군 내가면 해안서로 894 **전화** 032-932-6539
- 소루지갯벌장어양식장 1호점 **주소** 인천시 강화군 양도면 건평로 204 **전화** 032-937-4236
- 돌기와집 **주소** 인천시 강화군 송해면 상도숭뢰길116번길 39-10 **전화** 032-934-5482

경기도 양평

가을

예쁜 카페도 많지만
아기자기한 시장도 있어요

경의중앙선 양수철교 아래에서 '두물:물 자연으로부터 농부시장'이 열린다.

남양주의 조안면과 양평을 사이에 두고 북한강이 흐른다. 여주, 광주와 맞닿은 곳에는 남한강이 흐른다. 양수리 앞에 두 큰물이 만나는 곳이 두물머리다. 두물머리는 지금이야 관광지로 유명하지만 한때 양평 유기농업의 메카였다. 2000년대 초, 양평에 일로 처음 간 것이 두물머리 입구에 있던 팔당유기농협회였다.

포털사이트에서 양평을 입력하면 연관 검색어로 두물머리, 해장국, 카페, 맛집, 전원주택 등이 뜬다. 사람들이 양평을 찾는 목적이 확연하게 드러난다. 물 좋고, 산 좋은 양평에서 예쁜 곳과 맛있는 것을 찾는 것은 당연지사다. 식재료를 좇아다니다 보니 양평 옥천면 가을향기의 유기농 된장, 읍내에 있던 유기농 김치와 수산물, 개군면의 바질과 고추냉이 농장, 서종면의 유기농 더덕 농장 등을 찾아 양평을 많이 오갔다.

양평을 대표하는 것으로는 쌀, 딸기 등 많지만 그중에서 생산량에 비해 덜 알려진 것이 '부추'다. 부추는 오이소박이에서 빠질 수 없는 존재로, 밀가루 반죽에 넣고 얇게 부치거나, 새콤 매콤하게 무쳐 돼지국밥과 궁합을 맞추는 등 다양한 요리에서 감초 같은 역할을 한다. 지역에 따라 정구지, 솔, 졸, 새우리 등으로 부르기도 하는 익숙한 식재료다. 경상도에서 옛날에 정구지라고 불렀던 부추는 지금의 부추와 달랐다. 우리가 먹고 있는 부추는 일본에서 도입한 '그린벨트'와 그를 개량한 품종이다. 병충해에 강하고 잘 자라는 그린벨트는 1957년 일본에서 육종한 품종이다. 재래종은 1년에 두세 차례 수확하는데 그린벨트는 두어 번 더 수확할 수 있다. 정구지라는 이름은 같아도 품종이 달라졌다. 맛은 달라지고 사투리만 남았다.

양평이 강원도 홍천, 원주와 경계를 이루는 동쪽 끝에 청운면과 양동면이 있다. 두 곳 모두 부추와 연관이 있다. 양동면은 2000년대 초반부터 몇몇 농가가 모여 부추 재배를 시작한 곳이다. 지금은 부추 특구로 지정될 만큼 부추 재배가 많이 이루어진다. 대기업 냉동 만두에 들어가는 부추도 양동에서 생산하는 것이다. 이 역시 재래종은 아니다. 하지만 양동면이 부추 특구지만 자라는 부추는 하우스에서 볼 수 있어도 부추 음식을 먹기는 힘들다. 재작년부터 가을에 열리는 부추 축제에서만 잠깐 부추 음식 맛을 볼 수 있다. 양동에 갔다가 우동 한 그릇 먹으며 딸려 나온 단무지를 보고 잠시 생각에 잠겼다. 우동에 단무지도 좋지만, 양동이라면 부추로 만든 겉절이가 더 어울렸겠다는 생각을 했다.

양동 북쪽에 있는 청운면에는 봄철에만 나는 산부추가 있다. 부추는 백합과의 작물로 양파, 파, 마늘과 같은 집안이다. 부추는 양파나 파처럼 황화합물인 알리신 성분을 가지고 있어 아린 맛과 특유의 향이 있다. 재래 부추가 생산성은 일본 품종보다 떨어져도 향이나 맛이 더 진하다. 하지만 지금은 많이 사라지고 솔부추 정도는 조금만 관심 기울이면 살 수 있다. 영양 부추, 실부추는 솔부추를 달리 부르는 것으로 정식 명칭은 솔부추가 맞다.

3일과 8일에 열리는 양평의 오일장은 다른 지역의 것과 사뭇 달랐다. 서울과 인접한 위치에 양평역 앞이라는 지리적 장점 때문인지, 시

일반 부추와 달리 솔부추는 줄기가 가늘고 여리다.

양평오일장

두물:뭍 자연으로부터 농부시장

장의 규모가 상당히 컸다. 상설 시장 주차장을 중심으로 시장이 서고 주변 골목을 따라 이어졌다. 시장의 규모도 규모지만 파는 사람, 사는 이도 많아 장터에 활기가 차고 넘쳤다. 걸어만 다녀도 흥정이 이뤄지는 풍경에 절로 흥이 느껴질 정도다. 규모가 큰 탓에 강원도나, 경상북도의 농산물까지 모였다. 하지만 양평에서 생산한 것 찾기는 어려웠다. 더욱이 오일장의 중심은 외지 상인들과 농산물이 자리 잡고 있었다. 제철인 생강이 안동, 서산 것은 많아도 양평에서 생산한 것은 찾기 힘들었다. 양평오일장의 유일한 아쉬움이다.

양평의 맛을 오롯이 즐기기에는 서종면에서 열리는 문호리리버마켓이 제격이다. 이곳은 2014년에 처음 열린 이후로 200번 넘게 장이 서고 있는 대표 직거래 장터다. 양평읍의 오일장이 제일 큰 장이지만 유일한 것이 아니듯 문호리리버마켓이 양평에서 유일한 직거래 장터는 아니다. 2019년 처음으로 직거래 장터를 연 '두물:뭍 자연으로부터 농부시장'도 있다. 물건을 고르면서 두런두런 이야기 나누는 재미가 있고, 미각 교육이나 농부와 대화를 나누는 별도의 프로그램도 마련되어 있다. 사전에 SNS로 신청하면 각자 준비해온 찬을 앞에 두고 재료와 음식에 대한 본질 이야기를 나눌 수 있다.

직거래 장터라고 무조건 저렴한 것은 아니다. 장터에 나오는 농산물이 대량 생산을 목적으로 한 것이 아니기 때문이다. 대신 늘 먹던 것이라도 익숙한 모양새와 다른 모양새를 구경하는 재미가 있다. 배추만 하더라도 열무와 얼갈이를 섞어 놓은 듯한 개성배추를 구경할 수 있다. 가지는 보통 보라색이다. 진하거나 여리거나 조금 차이만 있을 뿐이다. 하지만 가지에도 노란색, 녹색, 하얀색 등 다양한 빛깔이 있다. 본 적이 없기에 보라색이라고만 생각하는 것이다. 다양한 경험은 무궁무진한 상상력의 토대가 된다. 아이들과 함께 장터 구경하면 좋은 이유다. 이곳은 규모는 매우 작지만 시작하는 장터치고는 내실이 꽤 있거니와 작은 규모라 친밀감이 있다. 3월부터 11월까지 둘째, 넷째 토요일에 열리니 이 시장과 두물머리를 같이 구경하면 좋다.

양평에는 수많은 식당이 있다. 거나한 상차림에 고기나 장어를 굽거나, 닭이며 민물고기로 탕이나 찌개를 끓인다. 한식뿐만 아니라 다양한 나라의 메뉴도 쉽게 맛볼 수 있다.

집밥이란 것을 곰곰이 생각해보면 특별한 날을 제외하고는 그냥 일상의 반찬을 차린 평범한 밥상이었다. 집밥이라고 해놓고는 특별함을 내세우는 곳이 많지만, 풀뿌리밥상은 엄마가 늘 차려주는 밥상과 비슷한 상을 낸다. 딱히 꾸미지도, 무언가 더하지도 않는다. 몇 가지 반찬에 고기가 더해지는 날이면 7천 원에서 딱 천 원 더 받을 뿐이다. 몇 년 동안 지역 주민들이 협동조합을 만들어 꾸러미 사업을 하다가 식당을 차렸다. 꾸러미를 만들기 위해 공동구매한 지역 농산물 위주로 찬을 만들고 식단을 짠다. 어묵 등 몇 가지 가공식품을 제외하고는 지역의 재료만 쓴다. 화려함은 없지만 진솔함은 가득 찬 밥상이다. 자율 배식하는 곳이라 양껏 담으면 된다. 천 원을 더 내면 공정무역 커피가 후식으로 나온다. 별도의 예약이 없으면 점심에만 영업한다.

풀뿌리밥상

천년 은행나무가 있는 용문면에도 5일과 10일에 장이 선다. 양평 읍장만큼은 아니더라도 웬만한 군 단위 장과 비슷할 정도의 규모다. 용문역 바로 앞에서부터 시작하기에 전철 타고 구경 삼아 가기 좋다. 시장 몇 바퀴 돌다 보니 어느 식당에서 내세운 입간판 중에서 '소한마리탕 8천 원' 메뉴가 눈에 확 들어왔다. 여행이나 출장 중에 괜찮은 감이 발동하는데 딱 그 순간이다. 물론 망하는 때도 있지만 흥하는 경우도 비슷하게 있기에 느낌 따라 '산채한우목장'이라는 식당에 들어섰다.

주문한 탕을 받아 보니 오늘은 '흥'한 날이었다. 한우를 사용하고도 8천 원이라는 저렴한 가격도 가격이지만 볼살, 머릿살, 양지, 심줄, 사태가 부족함 없이 골고루 들어 있었다. 한우 썼다고 하면 만 원, 2만

원 훌쩍 넘어가는 식당이 태반인데 8천 원이다. 다음에 용문 갈 일이 있다면 1만 2천 원 하는 갈비탕도 좋을 듯싶다. 소한마리탕 수준으로 봐서는 역대급 갈비탕을 맛볼 거 같다. 식당 이름에 목장이 들어가지만 목장 직영은 아니다. 대신 양평군에서 생산한 한우만 사용한다.

양평 개군면은 적어도 내게는 한우 브랜드화의 효시 같은 곳이다. 1997년 분당의 모 백화점이 개점하면서 '개군한우'라는 브랜드를 전면에 내세워 인기몰이했다. 개군한우의 성공 이후 시군마다 생산하는 한우에 별도로 이름을 붙이기 시작했다. 거세 한우가 고급 브랜드육으로 자리 잡은 계기이기도 하다.

한동안 개군 하면 한우만 떠올리다가 지금은 순댓국이 먼저가 됐다. 십몇 년 전 양평 개군에서 유기농 된장을 만드는 곳에 갔다. 일보고 나오는 길에 '개군할머니토종순대국'에서 고소한 삶은 간 맛을 보

산채한우목장, 개군할머니토종순댓국

고는 양평 갈 일이 생기면 최우선으로 찾는다. 보통은 간에서 잡내 나는 곳이 많아 순대를 시키면서 간은 빼 달라 한다. 하지만 이 집 돼지 간은 고소함이 남다르다. 삶은 간이 맛있으니 국물이나 순대는 더 말할 필요가 없다. 양평 출장길에 해장국은 찾아 먹지 않아도 순댓국만큼은 찾아 먹는다. 개군면은 양평읍에서 20분 정도 가야 한다. 읍내에서도 먼 시골이지만 식당 문 열기 무섭게 손님이 가득 찬다. 그것이 이 식당의 맛의 수준을 설명한달까.

상점 정보

- 두물:뭍 자연으로부터 농부시장 **주소** 경기도 양평군 양서면 북한강로81번길 22 **홈페이지** fromnature.imweb.me
- 풀뿌리밥상 **주소** 경기도 양평군 양평읍 잿말길10번길 41-12 **전화** 010-6230-7729
- 산채한우목장 **주소** 경기도 양평군 용문면 용문시장2길 11 **전화** 031-771-1172
- 개군할머니토종순대국 **주소** 경기도 양평군 개군면 하자포길 29 **전화** 031-772-8303

가을

다양한 섬이 있는 인천,
그 섬의 다양함을 맛볼 수 있는 장터

인천 바다에는 중구와 옹진군에 속한 섬 100여 개가 점점이 떠 있다. 강화도, 석모도, 교동도, 선재도, 영흥도, 영종도, 무의도는 다리로 연결되어 차로 가본 섬이다. 배로 가본 섬도 헤아려 보니 꽤 된다. 장봉도, 선갑도, 문갑도, 자월도, 소이작도, 승봉도, 사승봉도, 소야도, 덕적도, 대청도, 백령도 등 대부분의 유인도는 가본 듯싶다.

섬마다 풍광이 다르듯 생산하는 농산물이나 수산물도 각각의 떼루아(동네 맛)를 품고 있다. 백령도의 다시마와 까나리, 대청도의 성게와 홍어, 장봉도의 무산김, 영흥도의 포도, 덕적도의 표고버섯 등 섬마다 다니며 맛과 향을 즐기면 좋겠지만, 시간과 돈이 떠나는 발길을 잡는다. 떠나지 못하는 이들을 위한 장터가 매년 9월에서 10월 사이 옹진군청 앞 파도광장에서 열린다. 2020년과 2021년에는 코로나 여파로 열리지 않았다. 위드 코로나 시대, 2022년에는 예전처럼 열리지

매해 가을이면 직거래 장터가 군청 앞마당에서 열린다.

않을까 조심히 예상해 본다. 2019년에 열린 세 번의 장터를 다 가봤다. 첫 번째와 세 번째는 옹진 군청 앞에서, 한 번은 인천 아시아드주경기장에서 열렸다. 경험상으로는 뒤로 갈수록 맛난 것들이 많이 나왔다.

군청 앞마당에서 열리는 장터라 작다. 옹기종기 모인 파란색 천막 아래 섬의 맛이 듬뿍 든 식재료들이 가득하다. 9월 초의 주인공은 역시나 포도. 누군가의 고향에서는 7월에 청포도가 익지만, 포도가 제대로 익는 7월은 음력 7월이다. 제법 큰 섬인 영흥도와 장봉도에서 포도 농사를 많이 짓는다. 많이 짓는다고 하더라도 농지 대비 많이 짓는다는 의미지 충청북도 영동이나 경상북도 영주에 비교할 수 있는 양은 아니다. 포도 상자 앞에는 예외 없이 시식 포도가 있다. 하나씩 먹다 보면 '떼루아'라는 단어가 왜 생겨났는지 저절로 알게 된다. 이웃한 농가의 포도 맛이 각각 달라도 너무 달랐다. 달고 시고, 달곰하고, 시고 달고 비슷한 듯 각기 다른 맛 중에서 내게 맞는 포도 맛을 고를 수 있었다. 아마도 두 번째 장이 서면 포도 대신 섬 고구마가 '동네 맛'을 대신하지 않을까 싶다.

영흥도나 장봉도의 포도 맛은 바다 수온의 영향을 많이 받는다. 바다의 수온이 낮으면 공기의 온도가 낮다. 그러다 보니 포도가 다른 곳보다 늦게 익는다. 영흥도는 다리 하나 사이의 대부도보다 열흘 이상 수확이 늦다고 한다. 천천히 익는 대신 찬 바람에 단맛을 얻는다. 자연은 역시 공평하다.

홍어

장터에서 가장 눈에 띄는 것이 말린 홍어다. 대청도와 소청도 앞바다는 우리나라에서 홍어가 가장 많이 잡히는 곳이다. 말린 홍어는 찐 것을 양념해서 먹는다. 말린 홍어 외에도 농어, 장대, 우럭, 놀래기, 망둥이 등 꾸덕꾸덕하게 건조한 생선도 많다. 반건조한 생선은 어종에 상관없이 굽든, 찌든 차진 맛이 일품이다.

차가운 옹진 바다에서 나는 해초가 있다. 가사리도 있지만, 일상에서 즐겨 먹는 미역, 다시마, 김 역시 특별한 맛을 자랑한다. 인천공항이 있는 영종도와 강화도 사이에 작은 섬이 있다. 신도, 사도, 장봉도다. 인천 앞바다에 있는 작은 섬이지만 지주식 김 양식이 오래전부터 이루어진 곳이다. 김은 지주식과 부유식 두 가지 방식으로 양식한다. 둘 사이의 장단점이 교차한다. 생산량이 좋으면 맛이 떨어지고, 맛이 좋으면 생산량이 떨어진다. 지주식은 생산량보다는 맛을 선택한 방식이다. 재래 김 포자를 양식장에 이식하고는 차가운 바닷물과 북풍에 맡겨 놓으면 김은 저절로 자란다. 김이 나는 다른 지역보다 춥기에 장봉도에서 나는 김은 달다.

미역과 다시마는 전라남도 완도나 부산의 기장의 것이 유명하다. 생산도 많거니와 많이들 찾는다. 옹진군에서도 다시마와 미역이 난다. 배로 서너 시간 가야 하는 백령도, 대청도, 소청도, 연평도가 주 생산지다. 백령도와 대청도, 소청도의 바다(이하 백령도)에서는 품질 좋은 다시마가 난다. 백령도의 바다 수온은 16도 이하인 기간이 다른 지역보다 길다. 차가운 물에서 잘 자라는 다시마와 미역이 그 덕을 톡톡히 본다. 다른 지역은 수온이 오르는 7월이면 다시마 끝이 물러지면서 수확이 끝난다. 차가운 수온 덕에 백령도의 다시마는 7월부터 제철이다. 7월에 수확하는 다시마 중에는 2년을 보낸 것도 있다. 한반도에서 유일하게 2년산 다시마가 나는 곳이 서해 최북단의 백령도다. 6년근 인삼과 4년근 인삼의 격이 다르듯 2년생 다시마와 6개월생 다시마의 격도 다르다.

백령도에서 미역을 '지네발'이라 부른다. 백령도뿐만 아니라 거친 파도가 있는 갯바위에서 나는 미역을 통칭하기도 한다. 지네는 몸은 통통하고 수많은 다리는 가는 모양새다. 거친 파도에 미역의 모습이 지네의 몸처럼 진화했다. 파도 거친 섬이나 동해안 갯바위에서 나는 미역을 흔히 '돌미역' 혹은 '쫄쫄이 미역'이라 한다. 지네발 미역과 같은 미역으로 이름만 달리 부를 뿐이다.

백령도 바닷속은 해초가 숲을 이룬다. 해초를 먹고 사는 성게에게는 낙원 같은 바다다. 대청도에서는 성게가 산란하기 전인 5월과 6월 사이에 성게 알을 채취한다. 이것을 급랭했다가 1년 내내 비빔밥이나 칼국수로 낸다. 성게를 채취하는 때에는 싱싱한 성게를 맛볼 수 있다. 성게는 변색을 막고 보존 시간을 늘리기 위해 보통 명반으로 전처리를 하고서 유통한다. 명반 처리한 성게 알은 끝에 쓴맛이 난다. 산지에서 먹는 막 채취한 성게 알은 여리게 풍기던 첫맛이 깊고 끝 맛 역시 깊은 바다향이다.

대청도 선착장에는 있을 것만 하나씩 있다. 미장원도, 편의점도, 중국집도 치킨집도 하나다. 대청도에서 나는 수산물을 주로 내는 식당도 '바다식당' 하나다. 성게비빔밥을 주문하니 바로 나왔다. 채소 사이에 놓인 성게의 양을 보니 대청도가 확실히 성게의 성지였다. 육지에서 들여와야 하는 채소보다는 성게가 더 싸서 그럴 듯싶다. 딱히 허기지지도 않았지만 비비기 무섭게 밥이 사라졌다. 밥이 사라지는 중간중간 추임새가 저절로 나왔다. "맛있다"

장봉도 선착장에서 내려 면사무소 방향으로 가다 보면 옹암해수욕장이 나온다. 해수욕장 주변으로 식당 몇 군데가 영업하고 있다. 인천의 섬들이 나는 것은 비슷해도 저마다의 맛이 있다. 장봉도의 맛은 소라와 백합이다. 현지에서는 상합이라 하기도 한다. 갯벌과 민물이 만나는 곳에 많이 나는 조개가 백합이다. 새만금이 막히기 전 부안, 김제의 바다에서 많이 났지만 지금은 거의 사라졌다. 장봉도는 임

바다식당

사곶냉면

전주식당

진강과 한강이 바다를 만나는 곳에 있다. 나는 조개들의 맛이 좋을 수밖에 없다. 특히 백합칼국수와 소라비빔밥이 유명하다. 소라비빔밥은 삶은 소라를 먹기 좋게 잘라 갖은 채소와 비벼 먹는다.

전주식당을 찾았다. 소라와 채소의 씹히는 맛이 예사 맛이 아니다. 같이 나오는 바지락국도 조개 맛있는 동네답게 시원하다. 영종도 삼목항에서 30분 간격으로 배가 다닌다. 차를 가져가도 좋고 천천히 걸어도 좋은 섬이다.

백령도는 까나리가 유명하다. 까나리에 소금과 시간을 더하면 액젓이 된다. 액젓은 김치 담글 때 발효가 잘되라고 넣는다. 그것도 액젓이 가진 능력의 일부일 뿐 전부는 아니다. 액젓의 강력한 능력 중 하나가 MSG를 능가할 만한 감칠맛을 낸다는 것이다. 조미료는 여러 가지를 섞어 쓰면 하나를 쓰는 것보다 감칠맛이 좋아진다. 국물 낼 때 멸치만 쓰는 것보다는 표고버섯이나 다시마를 넣으면 더 맛이 좋아지는 이유다. 백령도에서는 고기로 육수 낸 냉면의 간을 까나리액젓으로 맞춘다. 짠맛을 맞추는 것도 있지만 몇 방울 까나리액젓에 냉면 그릇 속의 육수가 감칠맛으로 폭발한다. 평양냉면 한 그릇에 만 원이 훌쩍 넘지만, 여기 사곶냉면은 여전히 7천 500원이다. 백령도가 아니더라도 인천 시내에서 영업하는 지점이 세 군데가 있다. 친척들이 운영하는 곳으로 가격이나 내는 모양새가 백령도 본점과 같다. 다만 백령도 냉면 육수의 매력 포인트인 여린 생강 향을, 인천 시내에서는 호불호가 갈리는 탓에 뺐다고 한다.

내리어촌계식당

시화방조제와 대부도를 지나면 옹진군 선재도와 영흥도가 나온다. 선재대교와 영흥대교로 연결되어 있어 오가는 길이 편하다. 영흥대교를 넘어 선착장 옆에는 내리어촌계가 있다. 내리어촌계에서 양식한 바지락은 맛이 좋아 일본까지 수출할 정도다. 작업장 바로 앞에 식당도 운영하고 있다. 어촌계에서 잡거나 양식한 재료만 사용한다. 바지락찜도 좋지만, 바지락칼국수가 맛있다. 바다든, 산골이든, 도시든 어디서나 먹을 수 있는 음식이 바지락칼국수다. 하지만 이곳은 어촌계에서 잡은 바지락으로 바로 끓여내기에 시원한 맛에 단맛까지 있다.

수산물의 맛은 시간에 따라 감소한다. 어촌계에서 수확한 바지락을 경매하는 장소와 내리어촌계식당이 40m 정도 떨어져 있다. 맛이 떨어질 틈이 없다. 올해 세 번 영흥도 가서 세 번 밥을 먹었다. 두 번은 칼국수, 한 번은 회덮밥이었다. 네 번째도 칼국수일 것이다. 회덮밥이 맛없어서는 아니다. 그날그날 잡힌 우럭이나 놀래기가 든 것이라 맛있지만 바지락이 듬뿍 든 칼국수가 한 수 위다.

9월 말에 열린 두 번째 장터. 섬이라서 제약이 많다. 바다가 허용해야 작업을 하고, 밤이면 또 작업을 못 하기에 다른 장터보다 종류는 적다. 대신, 하나하나 맛이 옹골차기에 쉽게 지갑을 열었다. 집에 가는 길에 손에 든 꾸러미가 네 개였다. 대청도에서 잡은 1m짜리 삼치를 토막 낸 것, 장모님 드릴 연평도 갯가재, 딸아이 반찬으로 쓸 장봉도 김을 샀다. 하나 더 있었다. 대청도 자연산 홍합과 성게알 냉동한 것도 샀다. 깊어진 가을에 열리는 마지막 장터에서도 노리는 품목이 있다. 백령도에서 나는 백고구마다. 1년에 한 번 가을에 잠깐 맛볼 수 있기 때문이다.

상점 정보

- 바다식당 **주소** 인천시 옹진군 대청면 대청로 13 **전화** 032-836-2476
- 전주식당 **주소** 인천시 옹진군 북도면 장봉로 226 **전화** 032-752-6613
- 사곶냉면 **주소** 인천시 옹진군 백령면 사곶로122번길 54-19 **전화** 032-836-0559
- 내리어촌계식당 **주소** 인천시 옹진군 영흥면 영흥북로 154 **전화** 032-886-2044

2장

강원도

양양 * 인제 * 영월 * 평창 * 화천 * 동해·삼척 * 정선

강원도 양양

봄

양양의 봄,
장터에는 산나물이 가득

가을비가 내리면 농사짓는 이들은 하늘에 지청구를 보내지만 봄비 만큼은 쌍수 들고 환영한다. 봄은 파종의 시기. 메마른 땅을 봄비가 씨 뿌리기 좋게 적셔주지만 가을에는 농산물을 걷어야 한다. 비가 오면 작업도 힘들거니와 농산물의 단맛이 떨어진다. 봄비가 내리면 화려했던 벚꽃 잎이 이리저리 날린다. 축포에서 날리는 꽃가루처럼 꽃잎이 날리면 봄나물의 제왕 두릅이 제철을 맞는다는 신호다.

아침 8시, 비 오는 양양오일장은 사람들로 북적였다. 서둘러 장사판을 편 사람, 펴는 사람, 그 사이를 오가는 손님들이 가득했다. 탐색 차 한 바퀴 돌았다. 다른 것보다 나물 파는 할머니들이 많았다. 두릅도 있지만 개두릅(엄나무순)이 압도적으로 많았다. 몇 년 전에 엄나무순을 보기 위해 강릉과 양양을 헤집고 다닌 적이 있다. 설악산 자락이 끝나고 햇볕이 잘 드는 곳에는 어김없이 엄나무순 농장이 있었다. 강

릉과 양양에서 두릅과 엄나무순을 많이 재배하지만 찰나처럼 지나가는 봄나물인지라 아는 이가 드물다.

두릅의 맛은 인삼이나 더덕처럼 쓰다. 쓴맛의 주범은 바로 '사포닌'. 알고 보면 인삼도 두릅나뭇과 집안으로 나무가 아닌 풀일 뿐이다. 양양오일장은 온갖 두릅의 향연이었다. 두릅도 종류가 있다. 흔히 먹는 두릅, 독활(땅두릅), 개두릅(엄나무 순), 그리고 오가피 순도 두릅 일가다. 봄나물은 쓴맛으로 겨우내 무뎌진 입맛을 살리는 묘약이다. 비가 서너 차례 오고, 날이 더워지면 다음 해를 기약해야 한다. 쪄서 말린 묵나물도 괜찮지만 푸르디푸른 새순의 맛과는 비교하기 힘들다.

두릅, 독활, 개두릅, 오가피 순. 나름의 순서가 있다. 뒤로 갈수록 쓴맛이 강하고 쉬이 찾아 먹기 힘들다. 대형 할인점에서 파는 것은 대부분 두릅이고 나머지는 사려면 수고를 들여야 한다. 개두릅까지는 그나마 쉽지만, 오가피 순은 현지 아니면 찾기 힘들다. 오가피 순은 쓴맛 뒤에 청량한 단맛이 난다. 다른 두릅들이 두 수 접고 들어오는 맛이다. 그런 오가피 순 찜쪄먹게 맛있는 것이 바로 옻 순이다. 옻 순은 여느 두릅처럼 쓰지만 오가피보다 단맛이 있거니와 고소한 맛마저 있다. 옻이 오르는 사람이야 피해야겠지만 아니라면 보였을 때 먹어야 한다. 오일장에서도 '초희귀템'이다. 여기서도 수백 명의 나물 파는 할머니 사이에서 한 분뿐이었다. 세 바퀴 돌고 시장을 빠져나가는 찰나 종이에 매직으로 쓴 '옻 순'이 눈에 걸려들었다. 0.1초의 망설임도 없이 바로 샀다. 충청북도 옥천에서 옻 순 축제도 열리지만, 순이 올라오고 며칠 지나면 못 먹게 되기에 고민할 필요가 없었다.

몇 해 전 경상북도 영덕에 간 적이 있다. 회덮밥을 맛있게 먹다가 회 맛이 좋아 주인에게 물으니 "회때기"라 짧게 대답하셨다. "회때

횟대

기?" 질문 같은 대답을 하니 나가다 수족관을 보라 하셨다. 작은 수족관에 있던 것은 '빨간횟대'였다. 횟대를 보면 심술궂게 생겼다. 서해안에서 나는 삼식이(삼세기)와 가까운 친척일 듯싶게 생겼다. 서해의 삼식이가 매운탕용으로 최고이듯 동해의 횟대도 그에 못지않다. 게다가 가격까지 저렴하다. 가성비 '갑' 생선이 횟대다. 모든 생선은 매운탕거리가 되지만, 횟대로 끓이면 시원함이 배가 된다. 주로 먹는 것은 대구횟대와 빨간횟대. 여기서 만난 대구횟대는 한 바구니 가득 담겨 있었지만 가격은 놀랍게도 5천 원이었다. 사람들이 많이 찾지 않으면 잡어 취급을 한다. 잡어 취급 받는 횟대지만 맛은 돔 이상이다.

오일장에서 빠지지 않는 먹거리가 순대, 오뎅, 옛날 통닭이다. 어느 장터를 가나 다 있다. 양양오일장에는 여느 장터에서 보기 힘든 주전부리가 있다. 수수부꾸미, 나물전, 그리고 화덕에 구운 만두빵이다. 수수부꾸미는 수수 반죽에 팥소 넣고 번철에 구운 것이다. 구수한 수수 맛에 팥소의 단맛이 더해져 맛있다. 이웃사촌 자매가 나란히 앉아 수수부꾸미, 메밀전병, 감자전을 굽는다. 메뉴에 상관없이 가격은 5천 원이다. 옛날 통닭을 튀기고 있는 장터 옆에 화덕에 굽는 만두가 있다. 빵 반죽에 고기나 김치 소를 넣고 두툼하게 구웠다. 한 개 1천 500원이다. 하나 들고 먹으면서 장터 구경하기 좋다. 차진 빵 맛과 소의 조화가 제법이다.

봄을 한 장의 전으로 만끽할 수 있는 것이 바로 모둠나물전이다. 두릅, 미나리, 참죽, 명이 등 그날 장터에 나온 나물들로 전을 부친다.

달군 프라이팬에 가볍게 밀가루 반죽을 묻힌 나물을 가득 담고 손으로 꾹꾹 누른다. 프라이팬에 가득 찼던 나물은 이내 숨이 죽으면서 한 장의 전으로 모양새가 잡힌다. 바싹하게 구운 전에는 봄나물 맛이 가득하다. 쌉싸름한 맛이 기름 맛 속에 살짝 숨는다. 양파 간장과 먹으면 맛은 배가 된다. 다른 것은 몰라도 모둠나물전은 꼭 먹어야 한다. 강추다. '봄날은간다'라는 이름처럼 봄맛이 가득한 식당이다.

두릅 순이 올라오면 남대천을 거슬러 오르는 황어 떼가 나타난다. 남대천의 봄은 황어가, 여름은 은어가, 가을은 연어가 난다. 황어는 잉엇과 어류 중 유일하게 바다에서 대부분의 생을 보낸다. 유일하게 민물로 올라올 때가 바로 봄철 산란기다. 산란을 위해 남대천을 오르기 전 동해에서 잡힌 황어를 회덮밥으로 즐기는 것도 봄의 맛이다. 정인회식당으로 갔다. 황어 가격이 높지 않아 회덮밥의 회 양이 푸짐하다. 가격이 저렴하다고 해서 맛까지 저렴한 것은 아니다. 기름진 황어의 회는 단맛까지 돈다. 4월에서 5월 중순 사이, 양양에서 즐길 수 있는 별미다. 경상남도 하동에서도 비슷한 시기에 즐길 수 있다.

째복탕, 째복물회, 째복국. 째복이라는 이름만 들어서는 졸복 비스름할 듯싶지만 사실 조개다. 서해의 바지락과 크기나 모양새가 비슷하지만 모래에 사는 탓에 바지락과 달리 조가비가 밝고 무늬는 화려하다. 화려한 무늬 탓에 비단조개라고도 불리지만 본디 이름은 민들조개다. 크기는 작아도 백합과의 조개답게 맛이 옹골차다. 양양, 속초,

봄날은간다

정인회식당

수산항물회

고성 여행길에 째복을 만난다면 주저 없이 사야 한다. 봉골레 파스타를 만들면 '요알못(요리를 못하는 사람)'도 반쯤 셰프로 만들어 주는 재료다. 전날 한잔 달렸다면 다음 날은 째복탕 앞으로 달려가야 한다. '수산항물회'로 가면 된다. 째복에 실파, 부추만 넣고 한소끔 끓인 국물을 맛보면 절로 신음이 난다. 바지락보다 차진 살맛에 더해 국물은 깨끗한 동해의 맛을 품고 있다. 속풀이로 그만이다. 여럿이 갔다면 칼국수 사리 추가해서 시원한 국물 맛을 오롯이 즐기는 것도 좋다.

역 앞, 버스터미널 근방의 식당은 뜨내기 대상으로 하기에 맛보다는 허기를 채우는 곳으로 생각하기에 십상이다. 이런 곳은 가능하면 피하지만 간혹 보석 같은 식당을 발견하기도 해 모험 삼아 느낌 따라 들어가기도 한다. 장터 구경하다가 식사를 하러 양양 읍내를 돌아다니다가 양양버스터미널 옆 순두부와 장치찜 파는 '양양순두부'라는 식당에 들어갔다. 장치찜에 끌려 들어갔지만 아침부터 혼자서 주문하기는 뭣해 매운 순두부를 시켰다. 보글보글 끓고 있는 순두부 속에 째복이 실하게 들어 있다. 순두부는 식당에서 국내산 콩으로 직접 만드는 것이라 고소함이 살아 있다. 시원한 국물에 고소한 순두부가 밥을 빠르게 해치웠다. 순두부 맛을 보니 두부 맛이 짐작이 갔다. 순두부가 유명한 곳이 많은 강원도에서도 손에 꼽을 만한 맛이었다.

곰곰이 생각해보면 강원도 음식에는 육수에 고추장 풀어 끓이는 음식이 꽤 있다. 장칼국수, 섭국, 그리고 뚜거리탕(꾹저구탕) 같은 것이다. 강원도에서 담그는 된장을 막장이라 부른다. 막장은 간장을 덜 빼 일반 된장에 비해 색이 검다. 뚜거리탕을 끓일 때 막장을 넣으면 색이 칙칙해 고추장을 섞어 색을 냈고, 그렇게 지금의 뚜거리탕 국물이 만들어졌다 한다. '어성천민물집'에서 만난 뚜거리탕 역시 다른 지역의 어죽이나 어탕국수 국물과 달랐다. 마치 잘 끓인 육개장에서 기름기만 쏙 빼고 내준 듯 맵고 깔끔한 맛이었다. 민물고기 특유의 단맛이 깔끔하게 도드라져 맛있었다. 뚜거리탕에 수제비가 몇 개 들어 있다. 국물과 잘 어울린다. 얇게 뜬 수제비가 아닌 두툼하게 뜬 수제비다. 수제비 뚜거리탕이 있었으면 하는 생각을 오물거리다 삼켰다.

양양 송천마을은 떡으로 유명하다. 예부터 높은 고개 아래에는 주막이나 요깃거리를 파는 곳이 있었고, 송천마을은 떡을 팔았다. 송천

양양순두부

어성천민물집

마을의 떡은 씹는 맛이 있다. 대부분의 떡은 전분의 맛이 가미되어 씹을 때 찐득거림이 있지만 송천 떡은 그런 맛이 없다. 좋은 쌀로만 만들기 때문이다. 쌀이 좋으면 떡이 맛있다.

송천마을에서 서쪽으로 가면 해발 1013m의 구룡령이 있다. 홍천으로 넘어가는 고갯마루다. 다음날 서울로 돌아가기 위해 고속도로 대신 국도를 택했다. 송천마을에 들러 딸이 좋아하는 바람떡을 사고는 구룡령을 넘었다. 고속도로를 이용하면 빠르게 갈 수 있어도 지금 아니면 볼 수 없는 봄의 초록을 만끽하기에 좋은 드라이브 코스다. 오가는 차량도 적어 여유롭게 운전해도 괜찮다. 시간 여유가 있다면 조금 돌아가자. 보이지 않던 풍경이 보인다. 게다가 여느 동네 떡보다 송천마을 떡이 맛있다.

상점 정보

- 봄날은간다 **주소** 강원도 양양군 양양읍 남문5길 11-14 **전화** 033-672-7455
- 정인회식당 **주소** 강원도 양양군 강현면 낙산사로 32 **전화** 033-672-8028
- 수산항물회 **주소** 강원도 양양군 손양면 선사유적로 185 **전화** 033-671-0750
- 양양순두부 **주소** 강원도 양양군 양양읍 양양로 27-5 **전화** 033-671-1611
- 어성천민물집 **주소** 강원도 양양군 양양읍 남대천로 15 **전화** 033-673-4924

강원도 인제

여름

시장 보러 가지 마세요 대신 맛보러는 가세요

인제오일장을 보고 있자니 화천과 양구가 생각났다. 산 너머 고성도 떠올랐다. 네 군데 모두 사는 이도 파는 이도 많지 않았다. 인제는 네 곳 중에서 가장 작았다. 시장 구경 소요 시간 1분 30초. 그래도 기왕 왔으니 시장 구경 잠시 하면서 분위기를 살폈다. 작고 작은 시장이지만 그래도 분위기라는 게 있다. 많지 않은 사람 중에 사는 이는 일단 주변 식당에서 온 이들이다. 차림새가 주류 회사에서 나눠 준 앞치마를 두르고 있다. 그 외에 양산 쓴 아주머니들이 익숙한 듯 할머니와 두런두런 이야기를 나누며 흥정한다. 단골들이 찾고, 그런 단골들 때문에 나오는 분위기인 듯싶다.

지역 경제가 군대의 영향을 많이 받는 동네는 유독 사단 개편에 민감하다. 입대 자원이 모자라 사단 개편이 이뤄지는 곳을 다니다 보면 개편 반대 현수막이 걸려 있다. 예전에는 외출 나온 군인은 부대 관할

지역을 벗어날 수 없었다. 지금이야 그런 말도 안 되는 제도가 사라져 시간만 맞는다면 어디든 갈 수 있다. 그래도 하루나 한나절 외출 나온 군인들이나 면회 온 사람들이 쓰는 돈은 지역 경제에 도움이 되기에 그런 반대 현수막을 내걸었을 것이다.

가만히 서서 시장을 바라보다가 쪽파 씨가 눈에 띄었다. 김장 생각이 절로 났다. 지금 심어야 부지런히 자라 김장 시즌에 얼추 맞추지 싶다. 산골의 겨울 준비는 지금부터다. 다른 장터에서 사려고 마음만 먹었던 상추 모종도 인제에서 드디어 만났다. 상추 또한 더우면 잘 자라지 않는다. 집사람이 베란다에 심는다고 부탁한 과제를 드디어 해결했다. "상추 모종 얼마인가요?" "천 원에 네 개" 해놓고는 여덟 개 잘랐다고 다 가져가란다. 심을 데가 없어 한사코 거절해 여섯 개만 받아 왔다. 모종 옆에는 열무를 가지고 나온 할매가 있다. 여름에는 열무김치가 최고다. 1년 중 가장 맛있을 때다. 다른 김치는 담글 생각을 안 한다. 하지만 열무나 오이는 시장 볼 때 사서 김치를 담근다. 담그기도 쉽거니와 여름에 이 녀석들만큼 입맛 돋우는 것도 사실 없다. 여름에는 배추김치보다는 열무김치가 '짱'이다.

시장을 나와 예전부터 알고 지내던 협력사에 갔다. 2000년 초겨울에 처음 갔었다. 그때에 비하면 사람은 늙고 길은 좋아졌다. 서울에서 강원도 가는 길은 심리상으로 부산 가는 것만큼이나 멀었다. 서울 양천구에서 200km만 가면 강원도인데 시간은 보통 서너 시간 걸렸다. 대관령 너머 강릉은 그나마 고속도로가 있어 편했다. 한계령, 미시령, 진부령 넘는 고갯마루는 한 시간 정도 예상하고 넘었다. 그때는 무슨 훈련이 그렇게 많았는지 가다가 군 트럭 행렬이나 탱크를 만나면 원래 시간보다 30~40분은 더 걸렸다. 세월아 네월아 가는 트럭 꽁무니를 쫓아가다 보면 담배 한 갑 다 폈다. 그런 도로가 2차선에서 4차선으로, 4차선에서 고속도로까지 뚫렸다. 인제도 고속도로 영향을 받는 듯싶었다. 길이 좋아지면 사람이 모이는 것이 아니라 빠르게 흩어진다. 20년 동안 길은 그렇게 변했다.

변한 길을 따라 인제 기린면에 갔다. 오랫동안 도라지로 가공식품을 만드는 MJ푸드라는 곳이다. 옛날에 할머니가 가마솥에 도라지를 고으던 모습이 입간판으로 있던 공장은 어느새 번듯한 판매장까지 갖췄다. 중간에 여러 사정이 있어 부도까지 맞았다고 한다. 다시 재기하는 모습을 보니 안심이 됐다.

인제가 시장은 그래도 인제 내에는 구경거리가 꽤 많다. 산촌민속박물관과 박인환문학관이 있다. 게다가 무료로 관람할 수 있어 더욱 매력적이다. 원대리 자작나무숲도 무료다. 지역에 있는 박물관을 가보면 실속이 없는 때도 있는데 인제는 달랐다. 특히 요번에 본 〈동해로 가는 길〉은 내용이 탄탄했다. 인제를 거쳐 가던 소금 상인들의 이야기와 길에 대한 인문학적 소개가 참신했다. 게다가 자료집도 나눠주고 있었다. 내가 낸 세금이 이런 곳에 쓰인다면 전혀 아깝지가 않다.

박인환문학관

햇살마을향토식당

기린면 협력사에 갔다가 원대리 자작나무 숲에 들렀다. 20년 동안 인제를 수십 번 왔지만, 자작나무 숲은 처음이었다. 뙤약볕 아래에서 원대리 자작나무숲까지 가려다 중간에 포기했다. 왕복 세 시간. 생수라도 들고 왔어야 했는데 그렇지 못했다. 같이 간 이는 여러 번 왔던 곳이다. 그때마다 취재 일정이라 지자체에서 제공한 차를 타고 왔었다고 한다. 차를 탄 것은 기억 못 하고 입구에서 얼마 가지 않았다는 것만 기억했다. 그 탓에 생수를 들고 오지 못했다. 차로는 잠깐이지만 걸어서는 한 시간 반이다.

원대리에 간 목적은 하나 더 있었다. 원대리 주차장 주변에 몇 군데 식당과 카페가 있다. 이런저런 정보가 인터넷에 많이 올라와 있는 곳들이다. 그 집들은 건너뛰고 언덕을 넘었다. 언덕 너머 바로 우측에 마을에서 하는 '햇살마을향토식당'이 있다. 인제에서 나는 것으로 음식을 만들지만 다른 곳처럼 거창하게 로컬 푸드라 칭하지 않는다. 마을에서 생산한 콩으로 만든 청국장, 두부, 콩국수 등을 내고 있다. 날이 날인 만큼, 자작나무숲 끝까지는 아니더라도 왕복 한 시간 20분을 걷다가 왔기에 콩국수를 주문했다. 감자전도 놓치지 않고 주문했다. 콩국수 준비가 덜 됐다고 한다. 설마 못 먹나 잠시 긴장감이 흘렀다. "콩은 불렸는데 아직 갈지 못했어요" 안도의 숨을 쉬고는 잠시 기다렸다. 콩 가는 소리가 들리고 이내 콩국수가 나왔다. 맛보고는 둘 다 "대박"을 외쳤다. 지금까지 먹었던 콩국수 중에서 세 손가락 안에 드는 맛이었다. 콩국수라는 게 콩과 물이 있으면 만들 수 있는 단순한 음식이다. 단순하지만 두 가지 재료에서 다양한 맛의 변주가 일어난다. 진득하기만 하고 맛이 없는 곳이 대부분인데 여기는 적당한 진득함 속에 고소함을 품고 있었다. 사실 물과 콩이 좋은 동네에서 최상의 맛이 안 나오면 간첩이다. 여러 지역에서 콩국수를 먹은 중 가장 기억에 남는 곳이 양구였다. 거기와 비교해도 쉽게 우위를 점칠 수가 없을 정도였다. 그러고 보니 양구 장터도 볼 것은 별로 없었지만, 콩국수가 맛있었다. 인제도 시장 구경 대신 콩국수집 하나를 건졌다. 그러면 된 거다.

인제읍에서 원통리를 거쳐 양구군 접경까지 가면 천도리가 나온다. 천도리는 하늘에서 복숭아가 떨어졌다는 전설에서 유래한 지명이다. 하늘 대신 인천에서 복숭아처럼 툭 하고 떨어진 사람이 군부대 앞

둥지식당

에서 우족탕을 끓이고 있다. '둥지식당' 주인장이다. 사정을 들어보니 인천 도축장에서 오랫동안 일을 하다가 딸이 있는 인제에 와서 식당을 차렸다고 한다. 사골 국물을 내서 끓인 우족탕은 진국이었다.

우족탕은 족에 붙어 있는 콜라겐을 뜯어 먹는 맛이다. 사실 콜라겐이라는 게 아무 맛도 없다. 소금이나 간장 맛을 더해야 먹을 수 있다. 콜라겐을 찾아 먹는 것은 쓸데없는 일이다. 콜라겐은 단백질의 일종으로, 먹으면 아미노산으로 분해된다. 우유, 콩나물, 달걀 먹은 거하고 별 차이가 없다. 바르는 것 또한 같다. 남 좋은 일만 시키는 것이다. 음식은 그저 맛있게 먹으면 그만이다. 여기 우족탕은 그 조건을 맞춘다. 사람이 별로 없어 물어보니 코로나 때문에 군인들이 못 나와서 그렇다고 한다. 코로나만 아니면 바빠도 한참 바빴을 것이라 한다. 그 말에 공감 가는 맛이었다.

상점 정보

- 햇살마을향토식당 **주소** 강원도 인제군 남면 자작나무숲길 743-36 **전화** 033-463-6617
- 둥지식당 **주소** 강원도 인제군 서화면 천도촌1길 18 **전화** 033-462-0119

강원도 영월

여름

장 보러 갔다가 별도 보고 왔지요

방학한 딸아이와 10년 만에 별 볼 일을 만들었다. 10년 전 겨울, 영월에 있는 별마로천문대에 갔었다. 큰 망원경으로 별 구경한다고 가기 전부터 설렜는데 내리는 눈에 다음을 기약한 채로 10년이 지났다. 지금은 고 1, 열일곱 살 여고생이지만 여전히 그때처럼 아빠와 떠나는 여행을 좋아한다. 딸아이에게 10년 전 이야기를 하며 같이 갈까 하니 0.1초 만에 "콜"을 외친다. 천문대 운영 시간 중 가장 늦은 밤 10시로 예약하고 영월로 떠났다.

별마로천문대는 영월 시내를 굽어보는 해발 800m 봉래산 정상에 있다. 시내를 지나 구불구불 산길을 20분 정도 올라야 천문대에 도착한다. 성수기에는 사람이 몰리는 탓에 예약이 필수다. 천체투영실에서는 계절에 따라 달라지는 별자리를 볼 수 있다. 4층에 있는 천체 망원경으로 이동해 달, 목성, 토성 등을 관찰하는 약 40분 정도의 코스

별마로천문대에서 바라본 영월 야경

다. 천문대 구경이 끝나면 바로 하산할 것이 아니라 천문대 바로 옆에 있는 패러글라이딩 활공장으로 가야 한다. 빛나는 영월 읍내의 야경 위로 떠오른 수많은 별을 볼 수 있다. 놓치기 아까운 풍경이다. 핸드폰 삼각대를 가져간다면 '인생샷'을 건질 수 있는 포인트다.

영월 읍내에 있는 서부시장은 맛난 것이 많은 상설 시장이다. 4, 9일이 든 날에 영월에 가면 좀 더 맛있는 여행이 된다. 오일장이 서기 전날인 18일에 도착한 우리는 서부시장으로 갔다. 별 보기 전에 배를 채우기 위함이다. 서부시장에는 나름 전통과 맛을 자랑하는 메밀전병 집이 스무 곳 정도 있다. 메밀전병, 메밀전, 올챙이국수가 주메뉴다. 얇게 부친 메밀전 위에 매운 김치를 올려 돌돌 만 것이 메밀전병이다.

두 개만 먹어도 속이 든든하다. 여기에 메밀전이나 올챙이국수를 더 하면 한 끼 식사로 손색이 없다. 시장을 떠나기 전 닭강정 집은 필수 코스다. 살짝 매운맛으로 인근에 나름 유명한 집 두 곳이 있다. 혼자만의 출장이라면 들르지 않았겠지만, 딸아이와 같이 온 여행인지라 야식으로 포장했다.

다음 날, 영월을 가로지르는 동강 둑길 위로 수백 미터의 장이 섰다. 영월오일장은 인근의 제천 한마음장, 평창 올림픽장을 걷는 길로 연결한 장돌뱅이 루트에 있다. 영월오일장에서 제천이나 평창의 농산물이 자주 눈에 띄는 것이, 길로 연결되어 있기에 상인들도 연결되어 있는 것이다.

강원도답게 옥수수가 눈에 많이 띈다. 수확하고 얼마 지나지 않은 옥수수는 뜨끈뜨끈하다. 열이 나는 옥수수를 삶을 때는 사카린이 필요 없다. 소금만 넣고 삶아도 옥수수는 달다. 한 봉지 3천 원에 산 옥수수를 베어 물었다. 단맛이 없다. “아빠 안 달아” “조금만 더 씹어봐” “오호 이제 좀 다네” 사카린을 넣지 않고 삶은 것은 씹고 씹어야 비로소 단맛을 느낀다. 설탕 단맛의 300배 정도인 사카린을 넣으면 바로 단맛이 훅치고 들어오지만, 끝 맛은 쓰다. 인공 감미료의 단점이다. 소금만 넣고 삶은 옥수수는 천천히 와도 깔끔한 단맛이 매력이다. 산지 아니면 보기 힘든 맛이다.

자두는 여름 과일로, 경상북도가 자두 생산량의 90%를 차지한다.

영월오일장은 시내를 지나는 동강 뚝길에서 열린다.

강원도 일부 지역에서도 자두가 나지만 경상북도와 비교하면 없다고 할 정도다. 자두에는 수백 가지 품종이 있지만 우리나라에서 생산하는 것은 대석조생, 포르모사(후무사), 추희 정도다. 대석조생이나 추희는 일본에서, 포르모사는 미국에서 들여온 품종이다. 외래 품종이 들어 오기전에 이 땅에서는 오얏이 자라고 있었다. '오얏나무 아래에서 갓 고쳐 쓰지 말라' 할 때 오얏이 재래 자두다. 단맛이나 생산량이 적기에 개량종 자두에 밀려 찾기 어렵게 됐다. 작년에 종묘에서 덜 익어 파란 오얏을 보고는 기회가 되면 익은 오얏을 맛보고 싶었다. 이번 영월오일장 구경 중에 자두 같은데 자두 같지 않은 것이 눈에 띄었다. 슬쩍 다가가 "자두인가요?" 여쭈니 "오얏"이란다. 심 봤을 때 심정은 아니더라도 반가웠다. 반가워하는 내 모양새를 보고 아주머니가 오얏 하나를 건넸다. 손으로 쓱쓱 닦고는 베어 물었다. 빨간 모양새와 달리 시큼했다. 덜 익은 과일의 떫은 신맛은 아니었지만, 같은 시기에 나오는 개량 자두인 대석조생이나 포르모사 같은 달곰한 맛은 없었다. 신맛 속에 숨은 단맛이 있어, 매실이나 다른 과일처럼 청으로 만들면 훌륭한 음료가 될 듯싶었다. 오얏을 한 번 먹었다. 두 번은 '글쎄요'다(하지만 이후 강원도 장터에서 두 번 더 만났고, 매번 샀다. 신맛에 중독성이 있었다).

송화버섯, 송고버섯, 송이향 등으로 불리는 버섯이 있다. 송이와 표고의 장점을 모아 만든 버섯이라 소개들 한다. 실상은 표고버섯의 일종이고, 본명은 송고버섯이다. 송고버섯이 처음 시장에 나왔을 때 말 만들기 좋아하는 누군가가 송이의 명성을 빌어 온 것이 정설이 되

송고버섯. 표고버섯의 일종일 뿐 특별한 버섯은 아니다.

었다. 송이와 관련은 없지만 쫄깃한 식감과 풍부한 향만으로 충분히 가치를 인정받을 만한 버섯이다. 송고버섯은 저온기에도 잘 자란다. 온도와 습도를 조절하고 배지에서 20일 정도 기르면 첫 수확을 한다. 일주일 수확하면 일주일은 휴지기를 가진다. 버섯을 따고 쉬고 두 번 정도 더하면 배지는 비료나 사료로 사용한다고 한다.

아이랑 외식한다면 첫 번째 선택은 항상 고기다. 어릴 때는 소고기 맛없다고 돼지고기만 먹던 아이가 이제는 종의 구분을 안 한다. 소고기를 선택하는 만큼 외식 비용은 늘어난다. 이럴 때 지출을 최소화하기에는 영농조합에서 운영하는 정육 식당이 가장 좋다. 동강한우타운은 영월 한우 생산자들이 운영하는 정육 식당이다. 조합원들이 생산한 한우 고기만 파는 정육점과 상차림비를 받는 식당을 운영한다. 정육점에서 가장 많은 진열 면적을 차지하는 부위는 등심이다. 등심이 가장 맛있어서 많이 진열하는 것은 아니다. 소 한 마리에서 가장 많이 나오는 부위가 등심이다. 등심은 소 한 마리에서 30kg 이상 나오는 데 비해 제비추리, 안창살, 토시살은 1kg 내외가 나온다. 보통 특수 부위라고 해서 비싼 가격에 팔리는데 사실 맛까지 특별한 것은 아니다. 나오는 양에 비해 찾는 이가 많아서 비쌀 뿐이다. 생산자가 운영하는 곳은 특수 부위와 등심 가격이 크게 차이나지 않는다. 정육 식당에서 고기를 고를 때는 특수 부위, 안심을 먼저 선택하고 나중에 지방이 많은 갈빗살이나 등심을 선택하는 것이 좋다. 지방이 적고 육향이 좋은 부위로 시작해서 지방이 풍부한 부위로 마무리하면 조금 더 맛있게 먹을 수 있다. 이 또한 참고 사항일 뿐 취향껏 고르면 된다.

영월동강한우

아이와 외식 두 번째 선택은 짜장면에 탕수육이었다. 짬뽕을 무슨 맛으로 먹냐 하던 녀석이 이제는 맛(짬)뽕이다. 딸아이에게 밥 해주면서 편식에 관해 이야기하지 않았다. 나 또한 편식했었지만 자라면서 사라졌기에 먹지 않겠다는 것을 억지로 먹이지 않는다. 다만 선입견으로 호불호를 가리지 못하게끔 한 번은 맛을 보고 결정하게 한다. 나 또한 소주를 마시기 시작하며 안 먹던 굴이나 대파를 찾아 먹게 되었기에, 먹을 때까지 기다린다. 또 한 가지, 밥상머리에서 하는 잔소리는 애써 차린 식탁을 걸인의 식탁보다 못하게 만들기에 안 한다.

'원짬뽕'에는 짜장면도 있지만, 메뉴판에서 짬뽕 아래에 위치하는 것만 봐도 짬뽕 전문점이다. 해물 베이스의 짬뽕과 삼겹살을 넣어 지방의 맛을 더한 짬뽕 두 가지가 맛있다. 덜 단 소스에 잘 튀긴 탕수육을 2인 기준 만 원으로 추가할 수 있다. 11시부터 영업하고 금세 자리가 찬다.

지방으로 출장 가면 밤 11시에도 커피를 마실 수 있는 곳이 있다. 대부분 대기업에서 운영하는 프랜차이즈 빵집이 늦게까지 영업한다. 이런 곳은 밤에 커피 생각나면 가더라도 빵 사러는 가지 않는다. 출장지에 있는 개성 있는 빵집을 찾는다. 영월에는 '곤드레붕생이'가 있다. 영월 특산물인 곤드레로 빵을 만드는 곳이다. 곤드레로 빵을 만들게 된 계기가 재밌다. 몇 년 전 지역 족구 모임에서 제과 기능장과 유기농 곤드레 생산자 두 사람이 만났고, 의기투합해 곤드레빵을 만들었다. 처음에는 농협 매장 내에서 운영하다 최근에 독립 매장으로 오픈

원짬뽕

곤드레붕생이

했다. 너무 일찍 간 탓에 가장 인기 있는 영월감자와 곤드레치아바타는 사지 못하고 곤드레팥빵과 영월 팥으로 만든 앙버터를 사 왔다.

지역마다 특산물 이름을 딴 빵이 많이 있다. 호두과자와 비슷한 반죽에 공장에서 만든 팥앙금이 들어간다. 이름과 모양은 다르지만, 맛은 대체로 비슷하다. 영월의 곤드레빵은 수많은 지역의 빵들과 결이 다르다. 특산물의 모양만 틀에 찍어 낸 것이 아니라 지역의 농산물을 적극적으로 활용한 다양한 맛을 즐길 수 있다. 영월에 간다면 꼭 들러야 할 빵집이다.

아이가 방학이면 여행을 계획한다. 멀리, 오래 가는 것도 여행이지만 1박 2일 짧은 기간에도 준비만 잘하면 알차게, 맛있게 보낼 수 있다. 사는 곳 주변의 오일장 날짜만 알아도 여행의 묘미는 한층 깊어진다. 조금 더 여행의 맛을 더하자면 오일장 날짜 조사할 때 지역의 제철 음식을 검색하면 된다. 영월에서 돌아오는 길에 딸이 눈이 내리지 않았던 태백 눈축제 기억을 끄집어냈다. 이번 여행이 나름 재미있었는지 또 가자는 신호다. 방학이 끝나기 전 태백을 다시 같이 가기로 했다.

상점 정보

- 별마로천문대 **주소** 강원도 영월군 영월읍 천문대길 397 **전화** 033-372-8445
- 영월동강한우 **주소** 강원도 영월군 영월읍 하송안길 65 **전화** 033-372-1550
- 원짬뽕 **주소** 강원도 영월군 영월읍 하송로 93 **전화** 033-374-7733
- 곤드레봉생이 **주소** 강원도 영월군 영월읍 봉래산로 98-1 **전화** 033-372-0303

강원도 평창

여름

한반도의 여름 텃밭 평창, 덤으로 칡소도 맛볼 수 있어요

🔈 별 보러 갔다가 구름만 보고 온 육백마지기

출장길에 또 비다. 예전 장마는 배려가 있었다. 최소한 사람이 해를 볼 수 있게끔, 그래도 빨래 말릴 틈은 줬다. 올해는 배려심이 1도 없는 장마가 온 듯, 아니면 장마가 아닌 아열대 우기가 온 듯싶다. 강원도 평창으로 향하는 내내 마음이 편치 않았다. 많아지는 강수량 탓이다. 강릉 안반데기나 평창 육백마지기에 올라 은하수 찍을 계획이 있었지만 내리는 비에 쓸려 갔다. 오락가락하는 비. 장터 구경할 때는 안 내렸으면 했지만 바람은 바람일 뿐 계속 내렸다. 그나마 다행인 건 장터는 화천처럼 썰렁한 것이 아니라 장사꾼이나 구경꾼도 제법 있었다. 3일과 8일이 낀 날에 열리는 평창 진부장. 정선과 영월에서 더 가까운 평창 올림픽시장오일장 못지않게 규모가 있는 장이다.

강원도 평창은 동계올림픽이 열린 곳이다. 겨울은 무지 춥지만, 여름은 시원하다. 물론 한낮의 더위는 다른 곳과 비슷해도 아침저녁으로 서늘한 바람이 분다. 이런 날씨 덕에 여름 채소 농사가 잘 되는 평창은 한반도의 여름 텃밭이다. 평창읍을 지나 속사, 진부, 대관령나들목까지 이어지는 길 옆으로 펼쳐진 산과 하천 사이 넓은 밭에는 대파, 배추, 양배추, 무 등이 자라고 있었다. 어느 곳은 고랭지 배추나 양배추 수확이 한창이었다. 대관령 옛길 주변에는 짙은 녹색 산을 배경으로 푸른 밭이 참 예쁘게 펼쳐져 있었다. 8월에 평창에서 가장 아름다운 곳은 계곡도, 목장도 아닌 여기가 아닐까 싶다. 일찍 열린 진부오일장에도 오늘 아침에 뽑아 온 양배추가 투명 우산 아래에서 손님맞이를 하고 있었다. 평창 덕에 한여름에 맛있는 채소를 맛볼 수 있다.

여름 오일장에서는 가끔 깜짝 선물 같은 과일을 만나기도 한다. 영월오일장에서는 토종 자두인 오얏을 맛봤다. 여기에도 그 녀석이 있나 살펴보니 오얏은 없고 다른 재래종 자두가 반기고 있었다. 체리만 한 크기의 자두. 사실 체리, 자두, 앵두, 복숭아, 매실을 넘어 아몬드까지 모두 사촌지간이다. 과육 안에 딱딱한 씨가 있는 핵과류 집안이다. 아몬드만 딱딱한 씨 안에 있는 것을 먹는 것이 다를 뿐이다.

자두 사진을 찍으니 할머니가 자두 한 개를 내민다. 비 맞고 뭐하러 다니냐는 표정과 함께 말이다. 입안에 넣고 과육을 씹으니 살짝 몸서리쳐진다. 혓바닥을 통통 친 신맛이 사라지는가 싶더니 단맛은 재빨리 인사만 하고 사라진다. "어 셔" 소리가 났지만 나도 모르게 하나를 더 집어 먹었다. 꽁으로 두 개 먹었으니 그 값으로 작은 바구니 하나에 3천 원인 자두를 샀다.

여름 장마가 지긋지긋하다. 열대야가 그리울 정도로 찐득찐득한 습기가 온몸을 감싼다. 이러다 여름 다 가는 거 아닌가 싶지만 이미 절반이 지났다. 장터에는 슬쩍 가을 첨병이 눈에 띄기 시작했다. 붉은 빛이 고운 밤고구마, 불그스레한 아오리사과가 장터에 등장했다. 모르는 이들은 여름 햇사과가 나왔네 하겠지만 사실은 가을 시작이다.

말이 나온 김에 얘기하자면 아오리사과는 파란 사과가 아니다. 다른 사과보다 빨리 나오는 품종은 맞지만 아오리사과도 붉게 물들어야 맛있다. 사과의 절반쯤이 불그스레 물드는 8월 중순 이후부터가 가장 좋다. 성급한 이들이 7월에 따서 팔았기에 파란 것으로 알고 있

아오리

봉화

지만 말복 즈음에 맛보면 천하일미다. 새콤함을 누르고 튀어나오는 달고 단 과즙의 맛이 일품이다. 아오리사과는 일본 아오모리현에서 육종한 품종으로 원래 이름은 '쓰가루(津輕)'다. 아마도 태어난 곳의 이름을 줄여서 부른 듯싶다. 이름도 잘못 부르고, 먹는 시기도 잘못 알려졌다. 다시 말하지만 아오리사과도 빨갛게 익어야 맛있는 사과다.

대관령 주변에는 많은 농업 연구소가 있다. 전에 토종닭 강연을 한 국립축산과학원 가금연구소, 국립식량과학원 고령지농업연구소가 있다. 한우를 연구하는 국립축산과학원 한우연구소도 대관령면에 있다. 한우는 누런 한우가 많다. 누런 한우가 많다는 것은 다른 모양새의 한우도 있다는 이야기다. 검은색이나 호피처럼 줄무늬가 있는 것도 한우다. 호피 모양을 한 한우를 칡소라고 한다. 동요 얼룩송아지에 나오는 주인공이기도 하다. 2004년 전라북도 완주 고산면에서 칡소를 처음 봤다.

몇십 년 전부터 대관령에서 칡소를 전문으로 키우는 농장이 있다. 주변에 칡소 고기를 파는 정육점도 있고, 이를 재료로 해서 음식을 내는 곳도 있다. 대관령면 읍내에서 대관령 옛길 따라 조금 올라가면 길가에 '마루51'이라는 카페가 나온다. 칡소파니니와 칡소불고기가 대표 메뉴다. 칡소 고기는 보통의 한우보다 향이 좋다. 육향이라는 게 있어 씹으면 씹을수록 향기가 입안에 퍼진다. 거나한 상차림은 아니지만 불고기를 밥에 비벼 먹다가 잘 익은 김치 한 점 더하면 그릇에 담긴 음식은 이내 사라진다.

마루51

불고기만으로는 칡소의 맛을 제대로 느낄 수가 없다. 다시 시내로 들어서면 오랫동안 그 자리를 지키고 있는 정육점이 있다. 칡소 외에 다른 것도 팔지만 목장 직영의 칡소 전문점이다. 대관령 칡소는 비(非)거세우다. 거세한 수소와 달리 진한 향이 있고 씹으면 씹을수록 맛이 난다. '고기는 씹어야 맛이다'라는 명제를 정확히 맛으로 설명하는 고기다. 굽는 것도 좋지만 향이 좋기에 국거리로도 최고다. 집에서 먹을 요량으로 대우식육점에서 등심 100g에 1만 2천 원 주고 샀다.

막국수의 고장 강원도. 강원도에서 막국수는 어느 시군을 가도 쉽게 맛볼 수 있거니와, 저마다의 개성을 품고 있다. 그렇기에 선호에 따라 호불호가 갈리기도 한다. 그런 강원도에서 메밀은 버리고 밀가루와 옥수수 전분으로 만든 국수를 내는 곳이 있다. 고바우식당이다.

막국수의 고장 사람들이 먹는 별식이랄까? 진부오일장 근처이기에 장터를 서너 바퀴 돌고는 사람들이 몰리기 전에 자리 잡았다. 항상 하는 '짜장이냐 짬뽕이냐?' '양념이냐 프라이드냐?'와 동급의 고민이 물이냐 비빔이냐 아닐까 싶다. 개인적으로 비빔보다는 물 국수를 선호한다. 특히 막국수는 기름 내 가득한 김 가루와 강한 참기름 향 때문에 즐기지 않는다. 잠시 고민하다가 메뉴판을 보니 비빔은 8천 원 물은 7천 원이다. 천 원 비싼 이유가 있겠지 하는 생각으로 비빔을 주문했다. 중면 정도의 면 굵기, 김을 구워서 큼직하게 부숴 낸 모양새만으로 맛있겠다는 촉이 바로 왔다. 설렁설렁 비벼 한 젓가락 씹어 보니 직접 뽑는 면과 비빔장의 조화가 비빔국수계의 끝판왕이다. 쿨하면서 친절한 주인 할매들과 몇 마디 이야기 나누고 국수 몇 번 씹었더니 어느새 계산하고 있었다. 참으로 오랜만에 국수를 맛있게 먹었다. 거스름돈 받으면서 아까 산 재래종 자두를 드렸다. 자두 살짝 베어 문

고바우식당, 대관령감자옹심이

할매 두 분이 몸서리치는 거 보며 다음에 또 오겠다 하고 나왔다.

감자 전분으로 전을 부치고, 떡을 찌고, 수제비를 끓인다. 감자로 만든 수제비는 옹심이라 한다. 간 감자에서 전분을 따로 추출한 다음 남은 것과 섞거나 아니면 전분만으로 새알 모양으로 만들어 끓인 것이다. '대관령감자옹심이'로 갔다. 순옹심이를 주문할까 하다가 만두 욕심에 옹칼만(옹심이칼국수만두)을 주문했다. 옹심이를 씹는 순간, 주문 실패라는 생각이 바로 들었다. 옹심이가 너무 맛있었다. 쫄깃한 옹심이를 씹다가 만두나 칼국수를 씹으니 영 맹맹했다. 앞으로 횡계리를 지날 일이 있다면 그때는 무조건 순옹심이로 할 것이다. 곁들이로 주문한 찰수수부꾸미도 맛있었다. 수수로 만든 음식을 보면 어렸을 때 생각이 난다. "생일날 수수찰떡 먹으면 아프지 않고 잘 자란다"는 엄마 음성이 자동 재생된다. 아무튼, 찰진 감자옹심이 때문인지 다음날 아침에도 사람들이 몰려 있었다. 국물 맛이 해장으로도 좋을 듯싶었는데 나만 그렇게 생각한 것이 아니었다.

상점 정보

- 마루51 **주소** 강원도 평창군 대관령면 대관령마루길 278 **전화** 033-332-5051
- 대우식육점 **주소** 강원도 평창군 대관령면 대관령로 119 **전화** 033-335-5589
- 고바우식당 **주소** 강원도 평창군 진부면 청송로 90-17 **전화** 033-335-8488
- 대관령감자옹심이 **주소** 강원도 평창군 대관령면 경강로 5193 **전화** 033-335-0053

강원도 화천

여름

코소한 콩탕과 쫄깃한 수리취떡, 여름 강원의 참맛

강원도 춘천, 홍천에 이어 이번에는 화천이다. 산 깊고 물 맑은 동네 이름 끄트머리에는 내 천(川)자가 붙는다. 양구에서 시작한 물줄기와 평화의댐에서 오는 물줄기가 파로호에서 만나 잠시 머문다. 이내 춘천댐을 지나 강촌 아래에서 홍천강이 합류한다. 북한강이다. 화천은 깨끗한 물이 풍부한 곳이기에 산천어축제가 열리고, 한여름에도 시원한 물과 산이 있기에 맛있는 토마토를 생산한다. 고랭지 배추는 알아도 고랭지 토마토는 잘 모른다. 토마토도 너무 더우면 잘 자라지 않는다. 텃밭에서 조금씩 키우는 것이야 어디서든 잘 자라도, 내다 팔 만한 모양새는 아니다. 그래서 여름이 오면 채소 상인들이 강원도로 몰린다. 대부분의 채소가 다른 지역보다 시원한 태백, 평창, 양구, 화천에서 나기 때문이다. 겨울은 반대로 제주다. 그렇게 오르락내리락 하다 보면 1년이 지나간다. 여름 채소 구경도 할 겸 화천오일장에 갔다. 화천오일장은 달력에 3, 8이 있는 날에 열리는 삼팔장이다.

'가는 날이 장날'이었을까? 평소에는 주차장으로, 장날에는 장터로 쓰이는 곳에 몇몇 상인만 판을 벌이고 있었다. 추적추적 며칠 내린 비의 여파인 듯싶기도 하지만 없어도 너무 없었다. '가는 날이 장날'에서 '장'은 시장을 의미하지 않는다. 장날은 장사 지내는 날을 의미한다. 한글학회의 속담 풀이에서 그리 설명한다. '가는' 또한 간다는 의미가 아니라 '곡하다'의 뜻이라고 한다. 썰렁한 장터를 보니 절로 곡소리가 나왔다. 오일장 취재를 하러 갔지만 아무것도 없기는 처음이었다. 아무리 작은 장이라도 한 바퀴 돌면 15~20분은 걸렸다. 서른 번 넘게 간 오일장 중에서 가장 작았던 양구도 이러지는 않았다. 장터 구경에 1분이 채 안 걸렸다. 화천은 유동 인구도 적거니와 지역에서 생산하는 여름 작물도 이제 시작하는 때라 채소전에는 외지 것만 잔뜩 있었다. 그나마 오일장이 상설 시장을 끼고 열리는 덕에 상설 시장 구경으로 대신했다.

옥수수는 백두대간을 따라 올라오면서 익는다. 6월 말 백두대간 끄트머리 봉화, 영덕 장에서 나온 옥수수가 7월에는 괴산, 제천에 나온다. 강원도에서는 영월, 정선이 먼저고 더운 여름이 뜨거운 여름으로 변하면 화천, 평창 등지에서도 나온다. 여름 시장에서 흔히 보는 것이 찐 옥수수. 7월 중순의 화천 읍내 시장에서도 뜨거운 김을 토해내는 커다란 옥수수 솥이 먼저 반긴다. 영서 지방에서 흔히 볼 수 있는 떡인 감자떡 외에, 건강에 관심이 커지면서 달지 않아 인기인 수리

그나마 상설 시장이 있어 다행이었다.

수리취떡

취떡도 있다. 수리취는 참취나 곰취와 같이 국화과의 나물이다. 어느 지역에서는 떡취라고 부르기도 한다. 봄이 지나 초여름까지 채취한 부드러운 수리취 잎으로 떡을 만든다. 수리취떡은 쑥떡과 비슷한 모양새지만 향이 다르다. 쫄깃한 식감의 떡을 씹으면 쌉싸름한 맛에 여린 나물 향이 살짝 난다. 처음 먹으면 무슨 맛으로 먹지 중얼거리면서도 하나를 더 집는 묘한 매력이 있다. 화천 상설 시장 안에 몇 개의 떡집 모두 아침 일찍부터 먼저 내놓고 있는 떡이 수리취떡이었다. 강원도를 대표하던 떡 재료가 감자에서 수리취로 변하고 있는 듯싶다.

화천 가기 전 농장 한 곳에 미리 전화를 넣었다. 화천 출신의 아내와 남편이 운영하는 '너래안'이라는 애플수박 농장이다. 화천에서 나는 참깨와 들깨로 기름 짜는 공장도 함께 운영하고 있다. 애플수박은 근래에 주목받고 있는 수박 품종이다. 식감은 큰 수박과 비슷하지만 크기가 작다. 식구가 적어지는 현대 추세와 딱 맞는 과일이다. 수박은 박과의 식물로, 커다란 몸통을 지닌 탓에 넝쿨에 달려도 땅에 붙어 있지만 애플수박은 무게가 몇백 그램밖에 나가지 않기에 넝쿨에 달린다. 박과 식물답게 주렁주렁 열린 모양새가 제법 예뻤다. 껍질이 얇다는 것도 장점이다. 장점이 있으니 단점도 있는 법. 애플수박은 잘 깨지고 보관 중에 쉽게 무른다. 애플수박을 구매하면 빠른 시일 안에 먹어야 한다. 잠시 한눈팔면 겉은 싱싱해도 속은 멍든다. 수박을 베어낸 자리에는 가을 딸기를 심는다고 한다. 대만이나 홍콩 수출용이다. 낙엽 지는 가을의 딸기라니! 10월에 다시 한번 딸기 구경하러 가기로 했다.

산 깊은 강원도인지라 콩 음식을 골랐다. 여름이니 콩국수? 아니다. 콩탕을 골랐다. 비 온 뒤 서늘한 탓도 있겠지만 간 콩을 사골 국물에 담백하게 끓여 낸 고소한 맛 때문에 선택했다. 콩탕은 두부 만들고 남은 비지와는 사뭇 다른 맛이다. 비지를 걸러내고 단백질만으로 끓인 순두부하고도 또 다른 맛이다. 둘이 버렸던 맛을 합친 맛으로 고소함의 여운이 묵직하고 길다. 여기에 막장으로 만든 짭조름한 쌈장을 곁들여 비비면 밥 한 공기 순삭이다. '솥'에서 맛보면 된다.

춘천에서 화천으로 들어오는 길은 세 갈래다. 춘천호를 끼고 오는 원래길, 춘천 신북읍에서 신작로 따라 들어오는 길, 양구 방향에서 간동면으로 해서 오는 길이 있다. 원래 길은 돌고 돌아 오는 길이지만 길가 경치는 셋 중에서 춘천호 길이 가장 낫다. 구불구불한 길 따라 들어오면 아주 작은 회전 교차로가 있다. 교차로에서 버스터미널 방향으로 진입하면 '황소머리곰탕' 간판이 먼저 반긴다.

외지에서 편하게 먹을 수 있는 메뉴가 곰탕이다. 새벽 5시에 서울에서 출발해 화천에 도착하니 7시. 비는 끝없이 내리고 기온은 19도다. 생각 없이 들어가서 특곰탕을 주문했지만 나온 것은 일반 소머리곰탕이었다. 다시 받을까 하다 그냥 먹었다. 오호 괜찮다. 소머리곰탕이라는 게 핏물 제대로 빼지 않고 육골 가루 써서 진한 국물만 내세우는 곳이 많다. 이 집은 국물 맛이 깔끔하다. 곰탕 안의 고기에도 소머리 특유의 쫄깃함과 구수함만 남아 있었다. 그냥 들어갔다가 나올 때 잘 먹었다는 소리가 절로 나왔다. 추워서, 배고파서 맛있게 먹은 것은

너래안

솥

황소머리곰탕, 유촌식당

아니다. 국물이 참 끝내줬다.

'가는 날이 장날'은 장터에만 국한된 건 아니었다. 파로호 지나 화천 간동면 유촌식당에 막국수를 먹으러 갔다. 막국수 먹고 집에 가면서 감자빵과 커피 한 잔 사 들고 가는 일정을 짰다. 사전에 정보를 모으고 모아 일정을 짜야 하는데 대충 하면 항상 사달이 난다. 장날은 13일 월요일이었고 식당은 매주 월요일이 휴무다. 문 닫은 식당 앞에서 비로소 그 사실을 알았다. 우왕좌왕하다가 어죽 한 그릇 먹고 감자빵 사러 소양강댐 앞으로 갔다. 역시나 꼬일 때는 계속 꼬인다. 내 앞, 앞에서 감자빵이 다 팔렸다. 미련을 두면 안 되는 법. 그날은 바로 철수하고 며칠 뒤 다시 막국수 한 그릇 하러 화천에 갔다. 집에서 160km 떨어진 곳으로 말이다. 가면서 이게 맞나 생각했다. 막국수와 감자전을 받고 보니 잘 온 듯싶었다. 김 가루와 붉은 양념으로 범벅된 막국수 모양새가 아니라 단아하게 꽈리를 튼 메밀 순면의 자태가 고왔다. 탄력 있는 듯 툭툭 끊기는 면은 동치미와 사골 육수로 만든 국물과 조화로웠다. 면의 탄력이 좋기에 전분 20% 정도 되는 듯싶었다. 나중에 물어보니 가끔 반죽이 잘 된 날이 그렇다고 한다.

다시 160km를 돌아오는 길, 물론 아침 일찍이라 '감자밭'에서 감자빵도 샀다. 귀갓길, 고속도로 위를 지나며 곰곰이 생각했다. 지난 월요일 막국수를 못 먹게 한 것은 반죽이 잘 된 날 먹으라는 신의 배려가 아니었나 싶다.

상점 정보

- 너래안 **주소** 강원 화천군 간동면 간척월명로 281-13 **전화** 033-441-7744
- 솥 **주소** 강원 화천군 화천읍 산수화로 91 **전화** 033-442-2856
- 황소머리곰탕 **주소** 강원 화천군 화천읍 상승로 24-1 **전화** 033-441-1603
- 유촌식당 **주소** 강원 화천군 간동면 느릅길 1 **전화** 033-442-5062
- 감자밭 **주소** 강원 춘천시 신북읍 신샘밭로 674 **전화** 1566-3756

강원도 동해·삼척

겨울

가 볼까 했던 장터,
돌아올 때는 전국 최고의 장터

매일 해가 뜨고 진다. 일상의 한 부분이지만 맨 마지막과 맨 처음은 의미가 남다르다. 한 해의 마지막 해를 보내기 위해 인천의 작은 섬 서도로 갔다. 영종도에서 십여 분 배 타고 가면 호젓하게 낙조를 볼 수 있는 명소가 있다. 나처럼 1년의 끝이 아쉬운 사람은 서해로 간다. 밝아 오는 새해에 대한 기대감이 충만한 이들은 동해로 간다. 서해에서 마지막 해를 보내고는 하루 묵은 1월 2일의 새해와 장터를 보기 위해 동해로 떠났다. 동해(東海)도 맞지만 정확하게는 동해시(東海市)가 목적지였다. 수평선에 회색 띠처럼 구름이 둘러 해돋이는 살짝 아쉬움이 남았지만 재미난 장터 구경에 이 아쉬움은 쉬이 잊었다.

동해 북평장은 예전부터 이름난 장터였다. 산 너머 정선과 태백에서 넘어오는 길, 울진과 강릉의 바닷길이 만나는 곳이 동해였다. 삼거리, 만남의 장소이기에 물산과 사람이 몰렸다. 대부분의 오일장은 우시장이 사라지면서 쇠퇴의 길을 걸었지만 북평장은 세월의 야속함이 비껴갔다. 동해 북평장의 명성은 익히 들어 알고 있었지만 실제 본 장터는 막 오픈한 대형 할인점처럼 사람과 상품이 차고 넘쳤다. 북평장을 두어 바퀴 돌다 보니 1996년 성남에서 일할 때가 생각났다. 성남은 다른 신도시처럼 할인점과 백화점의 격전지였다. 마크로, 까르푸, 이마트, 킴스클럽을 비롯한 할인점과 청구백화점(현 롯데백화점), 삼성플라자(현 AK플라자)등 백화점들이 역세권마다 자리를 잡고 전쟁 중이었다. 대형 유통 업체들이 전쟁하든 말든 5일에 한 번씩 모란장이 열리면 그날은 손님이 없어 파리만 잡았다. 무엇을 해도 이길 수 없는 상대가 모란장이었다. 북평장에 몰린 사람들을 보니 동해나 삼척의 할인점 직원들의 처지가 눈에 보이듯 선했다. 1996년의 내 모습처럼 파리 잡고 있을 게 분명해 보였다.

북평파출소를 기점으로 북평장임을 알리는 입간판이 있는 사거리까지 약 400m 구간을 마주 보고 오일장이 선다. 파출소 맞은편 뒷골목에도 비슷한 길이의 장터가 열린다. 세 곳의 직선 길이를 합하면 약 1.2km다. 장터를 연결하는 사이사이 골목에도 장사꾼들이 가득하다. 긴 장터는 파란선을 구분으로 사는 이와 파는 이의 경계가 선다. 길의 안쪽은 파는 이, 바깥쪽은 사는 이의 통로였다. 수많은 상품이 오가는 장터에서 가장 많은 것은 수산물이었다. 동해에서 나는 것뿐만 아니라 외국에서 수입한 가자미도 꽤 있었다. 작은 국내산과 달리 살집이 제법 좋다. 예전보다 원산지 표시가 잘 되어 있어 필요에 따라 국내산과 수입산을 살 수 있다. 제철 맞은 산오징어는 몇 군데 간이 수족관을 만들어 파는 곳이 있었다. 문어 삶아 파는 곳도 오징어 못지않게 많았다. 도루묵이며, 도치 등 제철 맞은 생선이 있었지만 다 지나치고 말린 장치 사러 다녔다.

장치는 그 지역에서 부르는 이름이고 본명은 '벌레문치'다. 몇백 미터 수심에서 사는 어종이라 잘 잡히지 않는다고 한다. 찾는 이가 많지 않고, 장치만 전문적으로 잡는 배가 없어 더더욱 구경하기 쉽지 않다. 장치도 살이 무른 어종이지만 도치나 꼼치, 미저리 만큼은 아니다.

장치는 선어로 먹기보다는 말려서 먹는 방법이 일반적이다. 꾸덕

장치와 말린장치

길과 길 사이 골목에 오가는 이도, 파는 이도 많다.

꾸덕하게 말린 장치를 매콤하게 찜을 하거나 매운탕으로 해서 먹는다. 말린 생선으로 한 찜은 선어로 한 생선찜보다 씹는 맛, 감칠맛이 월등하다. 말린 생선들 대부분이 맛있지만 그중에서 하나를 꼽으라면 장치다. 부드러우면서도 쫀득한 살맛이 술이며 밥을 부르는 마력으로 가득 차 있다. 큰 것은 한 마리 2만 원, 작은 것은 만 원 정도 한다. 작은 거 한 마리면 어른 서너 명이 탕과 찜으로 충분히 즐길 수 있는 양이다. 참고로 식당에서 장치찜 하나에 2~3만 원 정도 한다. 언제 또 살까 싶어 두 마리 샀다.

삼척오일장은 2일과 7일에 선다. 오일장과는 별도로 매일 삼척역 앞에 아주 잠깐 장이 섰다가 이내 사라진다. 이름하여 '번개시장'이다. 새벽에 열렸다가 아침이면 닫는 곳인데 근래에는 늦게까지 장이 선다고 한다. 삼척 장호항에서 해돋이를 보고 장터에 가니 이른 시간임에도 사람들이 제법 있었다. 흥정하는 말소리에 지역색이 가득했다. 생물 오징어 다섯 마리 만 원, 가자미 회 한 접시가 만 원이었다. 북평장이 서지 않을 때는 삼척의 번개시장에서 저렴하게 수산물을 살 수 있다.

겨울이고 동해니 당연히 곰치탕을 먹어야겠지만 다른 선택을 했다. '부흥횟집'에서 물망치라 부르는 고무꺽정이를 먹었다. 물망치의 외형은 아귀랑 비슷해 아귀 사촌이라고 불리지만 못생긴 것만 비슷할 뿐 아귀보다 날렵한 모양새다. 더욱이 한반도 전역에서 잡히는 아귀와 달리 동해안에서만 잡히는 겨울이 제철인 생선이다. 물망치를

부흥횟집

비롯해 곰치, 도치, 꼼치 등 외형이 못난 생선들이 근래에 인기다. 먼저 즐겨 먹던 생선들이 자리를 비우자 그 자리를 꿰찼다. 명태는 아직이지만, 이미 돌아온 대구가 예전의 해장국 명성을 찾지 못하는 사이 외면했던 생선들의 참맛을 알아버렸기 때문이다.

물망치 살 맛은 아귀랑 비슷하지만 쫀득한 식감이나 단맛이 한 수 위다. 매운탕의 국물에 단맛이 도는 까닭도 살 맛이 좋아서다. 곰치탕의 시원함에 아귀의 쫀득한 살 맛이 더해졌다고 생각하면 된다. 강원도에서는 물망치를 매운탕으로 먹고, 이웃한 경상북도 울진에서는 매운탕에 신김치를 넣어서 먹기도 한다.

몇 년 전에 삼척에 갔다가 군부대 옆에서 평양냉면집을 봤었다. 더더욱 눈길은 끈 것은 메뉴에 있는 통닭이었다. 시간이 없어 지나쳤지만 언젠가는 먹어야지 생각만 하다가 이번에 먹었다. 처음에 봤던 곳은 무슨 사정인지 이틀 내내 문을 열지 않았다. 동해시에도 냉면과 통닭을 하는 곳이 있어 갔는데 역사가 무려 70년 된 식당이었다. '냉면권가'라는 곳이다. 물냉면과 통닭을 주문하면서 살짝 고민했다. 비빔냉면이 낫지 않을까 생각했다. 겉을 30% 정도 깎아 낸 메밀을 80% 사용해 만든 면은 소면처럼 하얀빛을 띠었다. 메밀 면과 육수의 조합은 냉면의 매력인 동시에 식당마다의 특징을 구별 짓는다. 동해시의 냉면 육수는 동치미 국물과 소고기 국물이 좋은 하모니를 이루고 있다. 메밀 순면 같은 면과 제법 잘 어울렸다.

주문할 때부터 궁금했던 통닭은 냉면과 아주 좋은 조합이었다. 동치미 향 나는 육수와 아삭한 무김치가 통닭의 맛을 살렸다. 통닭은 그 자체로도 냉면 못지않게 완성도가 높다. 물냉면과의 궁합도 괜찮지만 처음 고민처럼 비빔냉면으로 하면 더 좋을 듯싶었다.

항구마다 어시장이 있고 회센터가 있다. 어느 곳이나 회를 흥정하고 소위 초장 집에서 일정 금액을 내고 회를 먹는 방식이다. 회센터 주변으로는 지역의 대세 음식을 파는 곳이 자리를 잡고 있다. 삼척항 주변에도 여느 항구와 마찬가지로 회센터가 있고 곰치탕이나 대게를 파는 식당이 즐비했다. 비슷한 음식을 파는 식당 사이에 '물꼬기'라는 간판이 눈길을 사로잡았다. 어머니는 회센터에서 장사하고 부산에서 온 아들이 식당에서 장사한다. 아침마다 경매에 오른 생선으로 하는 물회, 회덮밥, 구이가 주메뉴다. 단품으로 팔기도 하지만 세트 메뉴로

냉면권가, 물꼬기

도 구성해 다양하게 맛볼 수 있도록 했다. 회덮밥이나 물회 중 하나를 선택하면 구이와 반찬이 딸려 나온다. 두 명 이상이라면 정식을 주문할 수 있는데 번듯한 대게는 아니더라도 즉석에서 대게로 라면을 끓일 수도 있다. 연인, 가족끼리는 물론 혼자 여행하는 이도 가볍게 동해의 맛을 볼 수 있다.

동해에서 집으로 돌아가는 길은 올 때와 달리 삼척의 도계를 거쳐 태백으로 가는 길로 잡았다. 고속도로보다는 시간이 조금 더 걸리더라도 호젓한 국도의 풍경도 즐길 수 있거니와 맛있는 것을 먹을 수 있기에 일부러 선택했다. 삼척 도계나 태백, 정선은 석탄 생산으로 유명했다. 지금은 일부 탄광만 남아 명맥만 유지하는 정도지만 좋았던 시절의 음식 문화는 아직 남아 있다. 그중 대표 음식이 '물닭갈비'다. 양념한 닭갈비에 다양한 채소와 육수를 넣고 끓여 먹는 음식이다. 완성

텃밭에노는닭

소머리국밥

된 물닭갈비를 보면 닭볶음탕과 비슷해 보여도 맛은 전혀 다르다. 닭볶음탕이 닭과 감자의 조합이라면 물닭갈비는 닭과 채소의 조합이다. 먹는 방식도 다르다. 물닭갈비는 끓이면서 라면이나 우동을 넣어 먹다가 나중에 볶음밥을 해서 먹는다. 광부의 요리라는 사람, 유흥가에서 태어난 음식이라는 사람 등 물닭갈비의 유래는 설왕설래다. 물닭갈비를 맛보면 유래를 더는 신경 쓰지 않게 된다. 강원도의 아래쪽 삼척이나 태백을 지나친다면 맛있게 먹을 수 있는 음식이 바로 물닭갈비다. '텃밭에노는닭'에서 맛볼 수 있다.

장터가 크든 작든 사람이 있어야 흥이 산다. 동해 북평장은 시장 구경하다 보면 나도 모르게 흥이 나 있다. 이곳저곳 흥정에 시나브로 흥이 물든 탓이다. 오가는 이들이 많기에 먹거리도 풍부하다. 어느 시장이나 하나 정도 있는 국숫집이나 국밥집이 몇 개씩이나 있다. 시장 구경하다가 요기하기 괜찮다. 특히 소머리 국밥은 맑게 끓이는 곳들과 달리 장터국밥처럼 얼큰하게 끓여 나와 맛있다.

상점 정보

- 부흥횟집 **주소** 강원도 동해시 일출로 93 **전화** 033-531-5209
- 냉면권가 **주소** 강원도 동해시 중앙로 236-1 **전화** 033-533-9911
- 물꼬기 **주소** 강원도 삼척시 새천년도로 47 **전화** 010-9346-9822
- 텃밭에노는닭 **주소** 강원도 삼척시 도계읍 도계로 334 **전화** 033-541-9989

강원도 정선

겨울

예전 정선은 탄광과 산나물, 요즈음 정선은 짬뽕과 소머리수육

여름이 깊어지면 내 고민도 깊어진다. 어디로 갈까에 대한 고민이다. 출장지를 정할 때 맛이 가장 빛나는 지역을 우선으로 선택한다. 여름에 빛나는 곳은 강원도다. 햇수로 3년 출장 다니다 보니 강원도 산지가 바닥나고 있다. 아직 가야 할 장터는 50곳이나 남았는데도 말이다. 같은 강원도라고 하더라도 영서와 영동이 다르다. 한여름은 백두대간의 중심부에 있는 곳이 좋고, 겨울과 봄에는 바닷가에서 맛난 것이 많이 난다. 결국 지난 태백 방문에 이어 정선으로 정했다. 정선도 태백 못지않게 고지대다. 한반도와 닮은 지형을 내려다볼 수 있는 병방치의 높이는 약 600m. 병방치와 읍내는 차로 2분 거리로, 읍내 또한 병방치 못지 않은 고지대다. 그 덕에 하느님이 제습기를 틀어 놓은 듯, 후덥지근한 도시 날씨와 달리 여행하기에 쾌적 그 자체였다.

병방치에서 내려다본 한반도 지형

시티투어버스

아리랑열차가 도착하면 아리랑시장에도 활기가 넘친다.

동강은 정선을 가로지르면서 흐른다. 읍내 서쪽에 아리랑시장이 있다. 아리랑열차는 20년 넘게 정선오일장의 동맥 같은 역할을 하고 있다. 열차 운행이 시작되며 시장에 활기가 돌게 됐다. 아리랑열차가 서는 정선역은 동쪽에 있다. 아리랑열차는 청량리역을 출발해 아우라지역을 거쳐 정선역까지 운행한다. 역에서 내린 사람들은 시티투어버스를 타고 정선 일대를 구경한다. 당일치기 여행으로 딱 맞다.

2와 7일이 달력 끝자리에 있는 날 장이 선다. 아침 일찍 장터에 나섰다. 열십자 모양의 장터에 상인들이 분주하게 움직이고 있지만, 손님이 많지 않았다. 시장 구경하며 시간을 보내고 있자니 사람들이 들어오기 시작한다. 아리랑열차 타고 온 이들이다. 사람이 흘러넘치니 여기저기서 흥정이 오간다. 정선 고한에서 민둥산을 넘어 화암면으로 정선읍에 왔었다. 산과 밭이 연속으로 이어져 있었지만, 작물은 대부분 옥수수와 감자였다. 중간중간 고추밭을 제외하고는 말이다. 그리고 7월, 정선오일장의 대세는 옥수수. 시장 곳곳에서 껍질을 벗기고 있었다. 옥수수는 수확하는 순간부터 열을 낸다. 막 수확한 옥수수 알갱이를 누르면 하얀색을 띤 불투명 액체가 튀어나온다. 이 액체의 성분은 포도당. 시간이 지나면 액체는 화학 변화를 거쳐 전분이 된다. 당이 전분으로 바뀌는 과정에서 열이 발생한다. 옥수수를 상자가 아니라 망에 포장하는 까닭이다.

막 수확한 옥수수는 사카린을 넣지 않아도 청량한 단맛이 난다. 끝맛이 찝찝한 사카린의 단맛하고는 다른 맛이 있다. 옥수수 중에서 당이 전분으로 변하지 않는 옥수수가 있다. 초당옥수수라 부르는 녀석이 그렇다. 초당옥수수는 당을 전분으로 바꾸지 않는다. 시간이 지나도 그대로다. 그래서 생으로 먹거나 살짝 얼려 먹어도 맛있는 옥수수다. 원래는 통조림에 들어가는 옥수수로 맛을 위해 저장성을 포기한 품종이다.

여름에 강원도오일장을 가면서 혹시 토종 자두를 맛볼 수 있지 않을까 하는 기대를 한다. 재작년 영월에서, 작년 진부에서 토종 자두를 맛봤었다. 혹시 정선에서도? 하는 기대를 저버리지 않았다. 장터 구경을 하다 보니 산딸기 포장 상자에 담긴 자두가 있었다. 자두는 일제강점기에 들여온 품종으로, 우리는 자생하던 것을 오얏이라 했다. 개량한 지금의 자두보다 신맛이 강한 것이 특징이다. 하나 먹는 순간 인상을 찌푸리지만 탄탄한 단맛이 이내 표정을 풀어 준다. 실제로 맛을 보

오얏

면 매력이 '쩐다'. "오얏 이거 얼마예요?" 물으니 "그거 고얏이에요" 한다. 고얏은 오얏의 강원도 사투리다. 몇 해 전 자료조사를 하다가 신문에서 정선 산골 깊숙한 곳에서 자생하는 고얏나무에 대한 기사를 봤었다. 그 덕에 고얏이라고 해도 철석같이 오얏으로 알아들을 수 있었다. 한 박스 사서 같이 간 이와 나눠 먹었다. 고얏 하나를 맛보더니 바로 돌아서서 그도 한 상자를 샀다. 단맛은 개량한 자두에 비해 모자라다. 하지만 탄탄한 단맛 위에서 춤을 추는 신맛의 강렬한 맛이 고얏, 토종 자두의 매력이다. 여름에 강원도 장터에 간다면 꼭 한 번 찾아 보길 권한다. 장터의 재미가 하나 더 늘 것이다.

정선은 1박 2일 코스로 출장을 떠났다. 서울에서 출발해 목적지는 하이원리조트였다. 제천을 나와 영월을 지나 드디어 정선 고한. 고한 읍내의 수많은 맛집을 지나 리조트에 올라가 짬뽕을 주문했다. 맞다. '하이랜드'의 짬뽕을 먹기 위해 거기까지 갔다. 2년 전, 아는 이에게 리조트에서 일하는 이를 소개받은 적이 있다. 삼척 출장길에 정선에 들러 짬뽕 맛을 봤다. 국물이 일단 깔끔했다. 맛있다고 하는 곳에서 먹는 짬뽕 하고는 국물 격이 달랐다. 국물 끝에 남는 들쩍지근함이 없어 좋았다. 잘 볶아낸 건더기와 국물, 면이 잘 어울렸다. 짬뽕이 갖추어야 할 맛이 한 그릇에 온전히 담겨 있었다. 동행한테 짬뽕 먹으러 간다고 하니 "거까지?" 하더니 먹고 나서 돌아올 때는 "갈 만하네"로 바뀌었다. 가격은 1만 6천 원으로 비싸다. 시중에서도 차돌박이 짬뽕은 만 원이 훌쩍 넘는다. 리조트에서 주문한 짬뽕도 차돌이 듬뿍 들어간 해물 짬뽕이었다. 맛까지 고려한다면 전혀 비싸지 않다. 오전 11시부터 오후 3시까지만 주문 가능하다.

강원도를 다니면서 막국수는 간혹 먹는다. 다니다가 전문점이라 쓰여 있으면 들어가서 먹는다. 막국수라는 게 막 먹기 편한 음식. 가려서, 줄 서서 먹을 음식은 아니다. 전분과 메밀 함량이 5:5 정도로 쫄깃한 면이 시원한 육수에 담겨 나온다. 정선에도 그러한 곳이 있다. 국일관이다. 냉면의 모양새는 양평의 옥천냉면, 안성의 우정집과 비슷한 육수와 면발이다. 면발이 쫄깃하고 간장 맛이 강하다. 사실 이 집은 소머리수육에 소주 한잔하기 딱 좋은 곳이다. 보통은 불고기, 수육이나 편육에 냉면 조합을 최고로 친다. 여기는 다른 것은 없고 소머리수육에 냉면 조합이 좋다. 이건 어디까지나 외지인의 조합. 소주 한잔하면서 주변을 보니 현지인들은 오리 불고기나 백숙에 냉면 조합이다.

강원도는 산세가 험하다. 다른 지역보다 햇빛을 덜 받는다. 그러한 사정으로 쌀도 조생종을 심는다. 오대벼가 그런 조생종 벼 품종이다. 산비탈에 여름 한 철 심을 수 있는 것은 옥수수. 찰옥수수를 심어 쌀과 함께 밥을 지었다. 부족하면 거기에 넣었던 것이 나물, 곤드레다. 어렵던 시절에 궁핍함을 해결했던 삶의 비결이 현재는 별미로 관광상품이 됐다. 정선오일장에는 곤드레비빔밥, 메밀전병 파는 곳이 많다. 그런 곳을 뒤로하고 역사를 예쁘게 꾸민, 밤이면 별이 쏟아지는 나전역으로 갔다.

탄광이 사라진 곳에는 희미한 흑백사진처럼 옛날의 영화가 흔적

하이랜드

국일관

곤드레

정선 나전역

으로 남아 있다. 나전역도 쇠퇴하고 있다는 느낌이 강했다. 그런 가운데 밥집 한 곳이 사람을 끌어모으고 있었다. 찰옥수수 알을 듬뿍 넣은 삼계탕을 내는 식당이다. 육수는 옥수수와 황기를 삶아 낸다. 삼계탕을 주문하니 시간이 꽤 걸렸다. 패스트푸드처럼 후다닥 나오는 게 삼계탕인데 조금 달랐다. 나온 삼계탕을 보니 옥수수 알갱이가 생각보다 적었다. 원래 이런가 싶었다가 나중에 물어보니 사정이 있었다. 새로 옥수수를 삶고 있어서 옥수수 대신 찹쌀을 더 넣었다고 한다. 보통 삼계탕이나 백숙 끓일 때 녹두를 많이 넣는다. 차분한 맛이 찹쌀하고 잘 어울린다. 찰옥수수는 녹두와 달리 튄다. 씹는 맛이 있다. 제대로 들어간 것을 맛봤다면 좋았겠지만 나름 괜찮은 맛이었다. 식당 찾아오는 이들을 성심껏 모시겠다는 생각으로 밥집 이름이 '옹(翁)이밥상'이다.

상점 정보

- 하이랜드 **주소** 강원도 정선군 고한읍 고한7길 399 하이원팰리스호텔 지하1층 **전화** 033-590-7155
- 국일관 **주소** 강원도 정선군 정선읍 봉양7길 17 **전화** 033-562-3076
- 옹이밥상 **주소** 강원도 정선군 북평면 북평6길 19 **전화** 033-563-8200

3장

충청도

제천 * 보령 * 괴산 * 서산 * 예산 * 태안

봄

약초의 고장 제천에서 맛보는 산나물 닭볶음탕

흔히 계절의 여왕을 5월이라 한다. 어떤 날은 여왕답게 화사한 날을 보여준다. 대부분은 황사 낀 날이 많다. 다행히 제천으로 떠나던 날은 하늘이 기가 막히게 좋았다. 5월은 먹거리가 애매해지는 시기. 계절이 바뀔 때는 새로 나는 것도 드물고 나던 것도 들어간다. 먹거리에 있어 5월을 계절의 여왕이라 하기는 애매해진다. 제천은 중앙시장, 내토전통시장, 동문시장이 길 하나 건너 두고 매일 열린다. 제천의 예전 지명은 '내토'. 우리말 지명인 냇둑을 한자로 표기한 것이다. 냇둑이라 불렸던 까닭은 삼한 시대 저수지인 의림지가 제천에 있기 때문이다. 그런 탓에 지금도 제천 지명 중에 내토가 붙은 것이 많다. 그 후 한동안은 제주로 불리다가, 조선 시대에 들어서 지명에 들어간 주(州) 자를 천(川) 자로 바꾸면서 '제천'이 되었다.

제천오일장은 제천역전한마음시장부터 시작한다.

오일장은 세 개 시장에서 조금 떨어진 제천역전한마음시장에서 열린다. 서울에서 제천역까지 KTX로 한 시간 정도 걸린다. 무궁화호로는 40~50분 더 걸린다. 역을 나오면 시장이 펼쳐진다. 역전 시장은 먹거리가 중심이다. 족발, 떡, 부침개가 오가는 이들을 유혹한다. 메밀부침 위에 배추를 올린 배추전과 빨갛게 양념한 속을 넣고 말아 낸 메밀전병이 대표다. 처가가 원주 문막이다보니 배추전 모양새가 낯익다. 가만히 보면 오일장에 나와 있는 올챙이국수를 비롯해 강원도 음식과 훨씬 가깝다. 지명만 충청북도 아닌가 싶을 정도다. 평지보다는 산지가 많은 환경이 강원도와 비슷해 그런 듯싶다.

상가와 상가 사이에 나물, 채소 파는 이들이 있다. 제천은 여전히 봄이다. 다른 지역은 산나물이 끝물이지만 여기는 여전했다. 한창 추울 때는 철원하고 비슷할 정도로 추운 지역이라고 한다. 날씨까지 그러한 것을 보면 확실하게 충청북도가 아니라 강원도 같다. 제천역을 등지고 바라보면 오른편에 본격적으로 오일장이 길게 이어진다.

처음으로 오일장에서 반기는 것은 조생 마늘. 제주에서 나기 시작해 해남, 고흥, 남해 등지에서 여름을 보내며 나기 시작한다. 이것은 아마도 출신이 제주일 듯싶다. 조생 마늘은 말 그대로 일찍 나오는 품종으로 상대적으로 6월 넘어서 나오는 녀석에 비해 저장성이 약하다. 옆에 같이 있는 양파도 껍질이 얇아 저장이 안 된다. 빨리 나오는 것들은 소비도 빨리 해야 한다. 잠깐 사이에 쉽게 물러진다.

오일장 구성은 지난번 돌아본 영월오일장과 비슷했다. 버섯이며,

어묵, 국수 등 판매하는 물목들이 비슷했다. 제천 한마음오일장, 영월 민속오일장, 평창 올림픽오일장을 묶어 장돌뱅이 루트로 엮었기 때문이다. 아마도 여기서 본 이들 대부분은 평창(5, 10장), 영월(4, 9장)에서 볼 수 있을 것이다.

제천에 많이 올 때는 일 년에 예닐곱 번은 왔었다. 한우와 화식우 생산지가 여기에 있기 때문이다. 화식우는 말 그대로 여물 끓여 먹이는 소다. 구수한 맛이 일품으로 지금 먹는 소하고는 다른 풍미를 지니고 있다. 구수한 맛이 있어 국거리용으로 최고고, 구이는 말 안해도 될 정도다. 제천 시내를 지나 송학면에 농장이 있다. 지금은 이러저러한 이유로 잠시 중단된 상태라 한다. 원래는 제천 가는 길에 화식우 맛을 보려고 했지만, 이러한 이유로 맛은 보지 못했다. 대신 꿩 대신 닭으로 부농도축장 정육식당에서 갈비탕을 맛봤다. 한우 갈비탕이

부농도축장 정육식당

6천 원. 수입 고기로 해도 그 가격이 나올까 싶을 정도로 저렴했다. 말은 갈비탕이라고 했지만 사실 국밥에 가깝다. 원래대로라면 갈비탕에 갈비만 들어가야 하지만, 갈비 한 대와 사태를 비롯해 다른 부위가 섞여 있다. 국밥이라고 해도 한 그릇 6천 원이라면 저렴하다. 식당 바로 앞에 우시장과 도축장이 있어 가능한 가격이다.

제철에 나는 것 혹은 지역에서 나는 것으로 요리하는 곳을 선호한다. 이름에 거창하게 '로컬'을 붙여도 좋고 아니어도 좋다. 지역을 여행할 때 최우선으로 고른다. 학현식당슈퍼는 그렇게 고르고 고르다 선택한 곳이다. 토종닭으로 만든 백숙이든, 닭볶음탕이든 물 좋고 산 좋은 곳이라면 어디에서든지 먹을 수 있다. 하지만 여기에 로컬을 접목하면 색다른 닭요리가 탄생한다. 닭볶음탕이 나오면 제철 산채가 가득 올라간 모양새에 우와 소리가 절로 난다. 매운 닭볶음탕과 향긋한 산채 맛이 제법 어울린다. 로컬 푸드라는 게 어려우면서도 한편으로는 쉽게 풀어낼 수 있는 지점이 아닐까 한다. 굳이 메뉴 개발할 것 없이 있는 메뉴에 그 지역의 식재료를 더할 뿐. 그 이상도 그 이하도 없다. 닭볶음탕을 주문하면 시간이 걸린다. 예약을 했지만 시간이라는 게 딱 맞아떨어지지 않는다. 그래도 여기서는 괜찮다. 곁들이 반찬이 곁들이 반찬이 아니기 때문이다. 전과 묵무침이 같이 나온다. 묵무침도 좋지만, 최고는 전. 산나물이 가득 들어간 전은 메인 요리라 이야기해도 무방할 만큼 완성도가 높다. 두릅이며 미나리 등이 가득 들어가 있다.

학현식당슈퍼

묵마을

제천을 오래전부터 자주 오갔다. 묵마을은 오가다 밥때만 되면 아무 생각 없이 들어갔던 집이다. 아래, 위, 옆 할 것 없이 산으로 둘러싸인 제천. 그 덕에 도토리 전분으로 만드는 음식이 많다. 도토리에서 전분을 내는 방법을 찾은 것이 수렵 생활에서 농사하며 정착하는 생활로 전환되는 큰 계기였다. 구석기나 신석기 시대 유물이 한반도에 유독 많은 까닭이라고 한다.

신석기인들은 도토리를 어찌 먹었는지 모르겠지만 여기는 묵밥이다. 묵을 쒀 채 썰고는 육수를 붓는다. 육수는 취향에 따라 뜨겁게 혹은 차갑게 선택할 수 있다. 한겨울에도 아이스 아메리카노를 찾는 사람으로, 당연히 차가운 육수를 선택했다. 송송 썬 김치, 다진 고추지와 무채나물이 따라 나온다. 입맛에 따라 넣고 밥을 말면 비로소 묵밥 완성이다. 묵밥이 완성되면 젓가락은 필요 없어진다. 밥을 숟가락으로 떠먹어야 하거니와 젓가락으로 깨작깨작 먹으면 그 맛이 안 나기 때문이다. 송송 썬 김치의 상큼한 신맛과 도토리묵 맛이 제법 좋다. 시원한 멸치 육수와 고추지, 무채나물은 둘을 조용히 응원한다.

상점 정보

- 부농도축장 정육식당 **주소** 충청북도 제천시 강명길 84 **전화** 043-646-9970
- 학현식당슈퍼 **주소** 충청북도 제천시 청풍면 학현소야로 390 **전화** 043-647-9941
- 묵마을 **주소** 충청북도 제천시 봉양읍 주포로 3 **전화** 043-647-5989

충청남도 보령

여름

키조개 관자의 고장, 구이도 짬뽕도 맛나요

가수 설운도 씨 노래 중에 〈나침반〉이라는 노래가 있다. "종로로 갈까요? 영동으로 갈까요?"로 시작하는 노래다. 강원도 평창오일장을 다녀오고 다음으로 정해 놓은 곳이 철원이었다. 철원이 틀어지면 태백이나, 남쪽으로 방향을 돌려 경상북도 김천에 갈 생각이었다. 1안, 2안, 3안을 준비했지만 철원을 할퀸 장맛비가 태백이든 어디든 마구마구 할퀴고 다니기에 내 계획도 다 틀어졌다. 마감이 코앞으로 다가와도 여전히 오락가락 빗줄기에 내 일정도 갈팡질팡이었다. 출장이 미뤄지는 것은 일도 아니었다. 오랜 장마에 가을걷이 해야 할 농산물 걱정이 먼저였다. 해를 본 시간이 짧으니 성장은 더딜 것이고, 습한 기운이 벌레와 곰팡이를 불러들여 가뜩이나 허약해진 농산물에 타격을 줄 듯싶었다. 비가 그친 다음 찾아온 불볕더위는 그나마 버티던 농작물을 그로기 상태로 몰고 있었다. 하느님과 동업하는 농민들

보령오일장

의 애가 타서 재가 되었을 듯싶었다.

날씨와 장 서는 시기가 맞는 곳을 검색하다가 레이다망에 충청남도 보령이 걸렸다. 두 달 가까이 산 좋은 강원도만 줄곧 다녔기에 바닷가도 좋겠다 싶었다. 마침 바다가 있는 보령이기에 한걸음에 달려갔다. 충청남도 보령은 대천해수욕장을 품고 있다. 해수욕장 근처에는 서해안에서 큰 규모와 다양한 품목으로 손꼽히는 경매장과 수산시장이 있는 대천항이 있다. 사시사철 맛있는 수산물을 만나볼 수 있는 곳이 대천이고 보령이다. 머드만 있는 곳은 아니다. 한겨울에는 대구가, 봄에는 실치가 난다.

여름 바다에는 멸치가 가득하다. 봄 멸치는 산란을 위해 근해에 들어오는 큰 멸치다. 멸치회로, 또 매콤하게 찜으로 먹는다. 여름 멸치는 잔멸치다. 이유식이나 볶음용으로 먹는 아주 작은 멸치가 서해에서 잡힌다. 멸치가 남해 특산물로 유명하지만 서해의 것도 남해 못지않게 좋다. 서해의 멸치가 봄철에 산란하고 나면, 금어기를 정해 어족자원을 보호한다. 그런데 봄에 산란한 멸치가 잔멸치 정도 크기가 되고 조업 개시를 해야 하는데 서해 어민들은 작업을 못한다. 산란 시기인 봄철이 금어기가 아니라 6월과 7월이 금어기라서 그렇다.

올해 여름 초입, 어민들이 해상 시위에 나섰다. 금어기를 풀어 달라는 것이 아니다. 현실에 맞게 조정을 하자는 뜻을 전달하기 위해 그물 대신 플래카드를 들고 바다에서 뜻을 알렸다. 정책 세운 시점과 지금의 상황이 달라졌다면 정책을 변경하는 게 맞지 않을까 싶다.

3일과 8일 든 날에 열리는 보령오일장. 보통 상설 시장을 감싸듯 열리는 다른 지역 오일장과는 모양새가 달랐다. 오일장은 구운 김 가게가 모여 있는 중앙시장 주변 골목에 열린다. 오랜만에 햇볕이 있는 장터. 우산 없이 다니니 비 오듯 땀이 흘러도 좋았다. 기분 좋게 시장길을 돌았다. 긴 장마에도 불구하고 첫물 고추를 따서 말린 것이 시장에 나왔다. 데자뷔, 어디선가 본듯한 장면. 작년 8월에 전라남도 담양의 장터에서도 말린 고추를 봤다. 비가 그친 강원도에서는 감자 캔 자리에 부지런히 김장용 배추를 심었을 듯싶다. 입추가, 말복이 지나니 벌써 가을 문턱이다.

보령오일장에 나온 할머니.
호박잎 다듬는 손이 바쁘다.

통으로 삭힌 생선젓갈

보령에는 세 개의 상설 시장이 길 하나씩을 두고 붙어 있다. 중앙시장을 시작으로, 길 건너 동부시장이 붙어 있다. 시장의 규모가 있는 만큼 다양한 먹거리를 볼 수 있다.

대천항이 이웃해 있는 관계로 수산물이 많다. 어느 지역에나 있는 것도 있지만 젓갈이 개중에서 가장 눈에 띄었다. 젓갈 하면 오징어 젓갈이 가장 많이 팔리고 많이 먹는다. 창난, 명란젓이 있고 액젓도 있다. 익숙한 젓갈 대신 복어가, 민어가, 농어가 떡하니 통 안에 있었다. 그 옆에는 오래 삭힌 꼴뚜기도 한 자리 하고 있었었다. 복어가 들어있는 젓갈 통을 보고 있자니 사장님 왈 "걔는 쪄서 먹는 애. 먹는 방식이 좀 귀찮아서 그렇지 맛있어. 일단은 쌀뜨물에 하루를 푹 담가 놔. 그리고 다음 날에 찜통에서 살짝 쪄. 기가 막히지. 꼴뚜기는 잘게 잘라서 무쳐 먹으면 맛있어" 다른 일정이 없었으면 여기 '꽃게나라'에서 민어나 농어 한 마리를 샀을 것이다. 항상 새로운 식재료를 보면 두려

움보다는 무슨 맛일까 하는 궁금함이 앞선다. 민어가 아니더라도 부세나 조기를 고추씨와 함께 절인 것도 상설 시장뿐만 아니라 오일장에서도 심심치 않게 볼 수 있었다. 짭조름한 맛과 고추씨의 매운맛이 일품이라고 한다.

시내를 벗어나 서해로 흘러가는 대천천 따라 대천항으로 갔다. 대천까지는 4차선 도로도 있다. 호젓하게 풍광을 보며 가기 더없이 좋기에 선택한 길이지만 사실은 목적이 있었다. 오랜만에 바닷가에 왔으니 산뜻한 비린내를 즐기고 싶었다. 잡힌 생선은 바로 비린내가 나기 시작한다. 시간이 지나면 점점 진해지고 역해진다. 바닷가의 비린내는 도심의 것과 달리 산뜻함이 있다. 무엇을 먹을까 하다가 '대천참숯산아나고'의 붕장어를 선택했다.

장어에는 민물장어, 붕장어, 갯장어 세 가지가 있다. 붕장어는 아나고라는 일본어 이름은 점점 사라지는 추세고, 바닷장어로 흔히 판매하고 있다. 여름에 서해로 여행 오면 회보다는 붕장어구이를 즐긴다. 여름 바다가 내주는 것 중에서 가장 맛있는 게 장어다. 사료를 먹고 자란 민물 장어와 달리 붕장어의 살은 담백하고 차지다. 양념구이도 있고 볶음도 있지만 여름 장어는 소금구이로 먹어야 제맛이다. 소금은 단맛을 도드라지게 한다. 짠맛이 있어야 단맛이 빛난다. 양념은 소금이 뽑아낸 장어 살의 단맛을 지운다.

보령에 가기 위해 새벽길을 떠났다. 출근길 고속도로와 만나면

대천참숯아나고

인정식당

30km 가는 데 두어 시간 기본이기에 차라리 오전 5~6시에 한적할 때 출발한다. 한적하다는 것은 출근길에 비해 그렇다는 것이지 실제로는 제한 속도까지 속도 내기 힘들 정도로 차가 많다. 새벽 4시 30분부터 오후 2시까지만 아욱된장국백반으로 영업하는 인정식당에 갔다. 다른 국도 있지만 식당으로 들어오는 이 대부분이 아욱된장국을 주문한다. 된장은 모든 재료를 잘 품어 주지만 아욱만큼은 특히 빛이 나게 만든다. 또한 아욱은 따듯한 기후에서 잘 자라기 때문에 여름을 지나 가을 문턱에서 만나면 더욱 맛있다. 여러 가지 찬이 있는 상을 받아도 아욱국만 먹게 된다. 처음에는 반찬과 함께 밥을 먹다가 밥공기가 반쯤 비게 되면 식은 밥을 아욱국에 말아 먹는다. 찬밥을 따스한 국에 말아 먹어야 맛있다. 라면도 마찬가지다. 뜨거운 밥을 라면에 말면 꼬들꼬들한 맛이 안 산다. 뜨거운 밥은 수분을 많이 품고 있기에 국물이 들어갈 틈이 적다. 시간이 지나 찬 기운 스민 밥은 낮아진 온도 따라 수분 함량도 낮아진다. 맛있는 국물이 밥 알갱이에 들어갈 틈이 그만큼 많아진다. 맛있는 국물에는 찬밥이 진리다.

보령 시내와 대천항에서 일을 얼추 보고는 오천항으로 갔다. 보령에 오면 꼭 가려고 하는 중국집이 오천항에 있기 때문이다. 천수만에서 봄철에 태어난 주꾸미와 갑오징어가 가을이면 성어가 된다. 오천항은 가을이 되면 낚시꾼으로 북새통을 이룬다. 초보 낚시꾼들에게는 주꾸미 잡으러 가는 항구지만, 오래 다닌 낚시꾼들은 오천항에서 키조개 관자도 사 간다. 오천항은 우리나라에서 여수, 장흥 못지않게 키

서광반점

조개가 많이 나는 곳 중 하나다. 오천항 주변에 키조개 음식 파는 식당이 많은 것도 맛좋은 키조개가 나기 때문이다. 여기 있는 중국집 서광반점은 키조개 관자와 지역에서 나는 해산물로 맛을 내는 곳이다. 키조개 짬뽕도 있다. 전국을 다니면서 맛본 짬뽕 중에서 손으로 꼽는 곳 중 하나다. 십몇 년 전 낚시하고 나서 매콤한 것을 먹고 싶어 들어갔다가 지금까지 다니고 있다. 티 나게 하려고 어설픈 해물을 넣지 않는다. 좋은 재료를 쓰고 잘 볶아 내는, 기본을 잘 지키는 곳이다.

시내에서 오천까지는 20분 정도 걸린다. 짬뽕 한 그릇 하고 고속도로를 탈 생각이었지만 못 먹었다. 문 앞에 '잠시 외출 중'이라는 푯말이 있었다. 드라마 〈동백꽃 필 무렵〉에 나왔던 파출소 앞에서 30분 정도 기다렸지만 주인장은 돌아오지 않았다. 결국 '원광수산'의 키조개 관자볶음을 선택했다. 날씨가 쌀쌀했다면 관자초무침을 선택했겠지

원광수산

만 고온다습한 이 시기에는 볶음이 맛으로나 안전으로나 낫기 때문이다. 키조개 산지답게 관자가 실하게 들어 있다. 채소가 익기 전에 관자가 먼저 익는다. 관자를 먹다가 아삭하게 익은 채소를 먹는 맛이 제법 좋다.

상점 정보

- 꽃게나라 **주소** 충청남도 보령시 상설시장길 12 **전화** 010-4411-9360
- 대천참숯산아나고 **주소** 충청남도 보령시 큰오랏6길 15 **전화** 041-936-3236
- 인정식당 **주소** 충청남도 보령시 목장4길 17 충남일보 보령본국 **전화** 041-933-4918
- 서광반점 **주소** 충청남도 보령시 오천면 충청수영로 837 **전화** 041-933-1759
- 원광수산 5호점 **주소** 충청남도 보령시 오천면 오천해안로 782-7 **전화** 041-932-2530

충청북도 괴산

가을

시장 구경은 괴산오일장
버섯 구경은 청천전통시장

추석 지나 나뭇잎이 물들기 전, 숲속 나무 밑둥에서는 단풍마냥 온갖 버섯이 핀다. 농촌진흥청에 따르면 우리나라에서 자생하는 버섯은 1천 900여 가지, 그중에서 식용할 수 있는 것은 400가지라 한다. 먹을 수 있는 야생 버섯은 사람의 편리에 따라 재배할 수 있는 것과 재배 못 하는 두 가지로 나눈다. 전자의 대표는 표고이고, 후자는 송이다. 전자는 죽은 나무에서 사는 것이고, 후자는 살아 있는 나무에서 자란다. 살아 있는 나무에서 자라는 것은 재배가 불가능하다. 송이가 비싼 까닭이다.

추석에 송이 가격은 금값이다. 1kg에 수십만 원 이상이다. 추석이 지나면 반의반 값으로 내려간다. 찾는 이도 적어지거니와 채취량도 늘어 가격이 떨어진다. 게다가 맛이나 생산량 모두 추석이 지나야 제철을 맞는다. 송이는 단풍 따라 차가운 북쪽부터 나기 시작한다. 가을이 깊어지면 경상북도 영덕, 봉화, 영양에서 가장 많이 난다. 400가지 버섯 중에서 일 송이, 이 표고, 삼 능이 혹은 일 능이 식으로 순서를 정하고는 나머지는 잡버섯이라고 한다. 통쳐서 잡버섯이라고 하는 것들도 저마다 이름과 맛, 향을 가지고 있다. 일 능이, 이 송이 이런 말들은 말하기 좋아하는 사람이 만든 말이거나 참고 사항일 뿐이다. 생산지를 다니다 보면 세상에 잡놈은 있어도 잡초, 잡버섯, 잡어는 없었다. 사람이 그렇게 구분 지어 부를 뿐이었다. 사람마다 이름이 있듯 버섯을 비롯해 모든 것에 이름이 있다. 사람들이 많이 찾는 것은 이름을 부르고 대부분 안다. 사람들이 덜 찾거나 모르는 것은 '잡것'이 된다.

맛있는 버섯이 모이는 장터가 있다. 충청북도 괴산군 청천푸르내 시장이다. 옛날 괴산은 서울에서 멀었다. 거리보다는 가는 데 걸리는 시간이 길었다. 2000년, 충청북도 괴산군 소수면에 있는 고추씨기름과 참기름 만드는 공장에 가끔 갔었다. 거리는 대구 가는 길의 반 정도지만 시간은 얼추 비슷했다. 중부고속도로 대소나들목을 빠져나와서 음성읍을 지나 37번 국도를 20여 분 달려야 괴산군 소수면이 나왔다. 9시에 출발해 도착하면 12시 정도였다. 지금은 중부내륙고속도로와 4차선 도로가 사통팔달로 뚫려 있어 거리만큼 소요 시간도 가까워졌다.

오랜만에 괴산군을 찾았다. 아침 안개와 코스모스가 계절의 변화를 알려준다. 19년 전에도 공사하고 있던 37번 국도 4차선 확장은 인생도 아닌 것이 여전히 미완성이다. 산지를 참 많이 다녔지만 이렇게 오래 공사하는 길은 못 봤다. 비슷한 길이 하나 더 있다. 19번 국도 하동과 남해 구간도 꽤 오래 공사하고 있는 도로다.

청천푸르내시장은 전국에서 알아주는 야생 버섯 시장이다. 비록 시장의 규모는 큰 도로가 생기면서 읍내 산막이시장에 졌지만, 버섯만큼은 여전히 '청천시장'이다. 더 이상 오일장은 서지 않지만 가을에 버섯장은 매일 선다. 면사무소 중심으로 형성된 상가는 '버섯 판'이다. 버섯을 팔거나, 버섯 요리를 팔거나 둘 중 하나다. '청천토박이'를 비롯해 주변 버섯 파는 곳의 모양새는 같다. 데친 싸리버섯, 밀버섯(외대덧버섯), 밤버섯(개암버섯), 먹버섯(까치버섯)을 똑같이 흐르는 물에 담

저희 매장은 국내산만 취급·판매합니다
• 송이버섯 - 국내산
• 능이버섯 - 국내산
• 싸리버섯 - 국내산
• 먹버섯 - 국내산
모든 버섯은
=> 자연산(국내산)!!!!!!
입니다

청천토박이

가격표시
참싸리
4만원
10,000

가 독성을 빼고 있다. 데치지 않은 것도 판매하지만 상인들은 보통 손질한 것을 권한다. 집에서 제대로 독성을 빼지 않으면 아린 맛이 나기 때문이다.

야생 버섯은 함부로 따거나 먹어서는 안 된다. 사유지에서 따면 절도이고, 주인 없는 산이라도 잘못 따면 누군가에게 해를 입힌다. 야생 버섯을 따서 먹고 식중독에 걸린 사람들 대부분이 가족이나 친구들과 함께 중독된다. 혼자 죽지 않겠다는 심보는 아님에도 본의 아니게 주변 사람에게 해를 입힐 수 있다. 버섯을 먹고 이상 증상을 느낄 때에 행동 요령이 있다. 첫째, 119에 전화한다. 둘째, 환자가 의식이 있으면 물을 마시고 토하게 한다. 세 번째가 중요하다. 별표 다섯 개다. 먹은 버섯을 비닐봉지에 담아서 환자와 함께 병원에 보내야 한다. 그래야 원인을 알고 치료할 수 있다. 하지만 무엇보다 중요한 것은 함부로 따지도, 먹지도 않는 것이다. "약은 약사에게, 버섯은 전문가에게"

싸리버섯을 비롯한 버섯들은 가격 대비 만족도가 높다. 능이나 송이가 추석 지난 후, 중품 이하 1kg에 20만 원 전후라면 다른 버섯은 2~3만 원대다. 버섯 가격이 저렴하다고 맛까지 저렴하지 않다. 먹버섯만 하더라도 독특한 향과 식감에 요리사들이 즐겨 쓰는 야생 버섯 중 하나다. 고기 없이 손질한 버섯만 여럿 넣고 잡채를 만들어도 고기 생각이 안 난다. 쫄깃한 식감이 버섯마다 달라 먹는 재미가 남다르기에 고기 찾을 일이 없다. 김치찌개, 된장찌개 끓일 때 조금씩 넣는 순간 '인생 찌개'가 된다.

전주식당

식재료를 알면 맛이 보인다. 식재료에 관심을 가지면 다양한 맛을 본다. 잡버섯이라고 부르면 2만 원짜리 버섯으로 끝난다. 싸리며, 밀이며, 밤이며 이름을 부르는 순간 저마다 특유의 맛과 향이 보이기 시작한다. 일 능이 못지않은 맛으로 말이다. 김춘수 시인은 시 '꽃'에서 "내가 그의 이름을 불러주기 전에는/그는 다만/하나의 몸짓에 지나지 않았다"라고 이야기한다. 식재료도 마찬가지다. 이름을 부르는 순간 맛의 의미가 부여된다.

청천면은 작다. 걸어서 7~8분 이내에 모든 곳을 둘러 볼 수 있다. 청천면에서 즐길 수 있는 버섯 요리로는 여럿이 와서 즐길 수 있는 전골이 대세다. 여럿이 즐기기는 좋으나 혼자 다니는 여행객에게는 그

림의 떡이다. '혼여(혼자 여행)'가 대세임에도 여전히 메뉴판의 주인 행세는 전골이 하고 있다. 하지만 야생 버섯 맛은 육개장으로도 충분히 즐길 수 있다. 예전에는 버섯 짬뽕 파는 곳도 있었지만 지금은 치킨집으로 바뀌었다. 버섯 육개장 파는 곳은 남아 있다. 보통의 육개장과 만드는 방식과 모양새가 같다. 다른 점은, 잘게 자른 야생 버섯이 8천 원이라는 가격에 비해 섭섭지 않게 들어 있다. 살짝 얼큰한 맛과 밥의 궁합이 예술이다. 밥맛은 식당의 기본이다. 전주식당은 기본에 충실한 식당이다. 육개장 맛을 설명하면 입만 아프다. 전골은 다른 곳의 메뉴와 달리 1인분 단위로 판매한다. 2인분 이상 주문 가능해 먹지는 못했다.

속리산을 남쪽 배경으로 삼고 있는 괴산군은 화양계곡을 비롯해 이름난 계곡들이 많다. 계곡물이 흐르고 만나 달천이 되고, 종국에는 한강으로 흘러 들어간다. 깨끗한 물이 흐르는 곳에는 항상 다슬기 파는 곳이 많다. 괴산도 야생 버섯 파는 곳에 같이 파는 것이 다슬기 요리일 정도로 많다. 특정 음식이 유명한 곳에서 으레 그 음식을 먹지만 살짝 고개만 돌리면 조금 더 특별한 음식이 있다.

새뱅이라 부르는 민물 새우가 있다. 커봐야 3cm도 안 되는 작은 새우로 물이 흐르다 멈추는 곳에 산다. 보통 민물에서 나는 것으로 매운탕을 끓이면 구수한 맛과 단맛이 매력적이다. 새뱅이 매운탕은 거기에 시원한 맛까지 더해진다. 작은 새우 한 마리가 내는 시원함은 별거 아니지만 모이는 순간 큰 새우가 한 수 접어야 한다. 남한강을 끼고 있는 충주, 괴산 등지를 비롯해 큰 호수가 있는 내륙 지역에서 맛볼 수 있다. 괴산에서는 '즐거운날'로 가면 된다. 작은 새우라 무시하고 넘어가면 인생 새우 하나를 놓친다. 일부러 찾아서도 먹어야 할 맛이다.

4년 전에 괴산에서 열린 유기농 박람회에 왔다가 우연히 들른 집이 있었다. 돼지갈비 좋아하는 딸과 동행한 길이라 읍내에 있는 정육식당에 '돼지갈비' 간판만 보고 들어갔다. 아침마다 갈비 포를 뜨고, 양념해서 내었다. 이번 출장에 몇 년 만에 다시 맛을 보겠구나 싶었지만, 맛을 못 봤다. 주인이 나이 들어감에 식당 일이 버거워 문 닫고 이사 갔다고 한다. 꿩 대신 닭이라고 돼지고기만 파는 로컬식당 '한도니'로 갔다. 지역에서 나는 돼지고기와 채소, 쌀로 음식을 내는 곳이다. 부위별로 주문하거나 모둠 구이를 먹을 수도 있지만, 갈비 먹을 생각이었기에 석갈비를 주문했다. 갈비는 불맛 나게 잘 구운 다음 뜨거운 돌판 위에 올려 나온다. 밥 먹을 때 물이나 음료를 잘 마시지 않지만, 여기서는 초정리 탄산수 한 병은 꼭 주문해야 한다. 초정리 탄산수는 전국 편의점에서도 팔리지만, 이 동네에서는 병에 들어있다. 모양도 예쁘거니와 맛도 기분 탓인지 부드럽다. 동네 사람들이 들어와서 별 고민 없이 바로 돈까스 세 개를 주문한다. 뒤에 들어온 다른 손님도 똑같이 주문한다. 주문하는 모양새나 나오는 모양새를 보니 나도 다음에는 돈까스다.

즐거운날

한도니

농산물이든 수산물이든 사람들이 많이 찾으면 가격이 오른다. 사람들 관심이 멀어지면 자연스레 가격이 내려간다. 여름철 민어만 하더라도 가격이 한창때의 반의반 값이다. 그렇다고 맛까지 반의반은 아니다. 송이와 능이는 누구나 아는 버섯이다. 누군가가 많이 이야기했기에 많이 알 뿐이지 최고의 맛이라고 할 수는 없다. 맛은 순위를 정하기가 어렵다. 허영만 화백은 만화 〈식객〉에서 "세상의 어머니 숫자만큼 맛은 다양하다"고 했다. 송이 좋아하는 사람은 비싼 가격에 송이 먹으면 된다. 싸리버섯 좋아하는 사람은 싸리버섯 먹으면 된다. 두 버섯의 가격 차이가 맛의 차이를 의미하지 않는다. 아는 이와 찾는 이가 많은지, 적은지의 차이다. 식재료의 이름을 부르는 순간, 맛은 다양해진다. 산지 다닌 세월 동안 터득한 진리다.

상점 정보

- 청천토박이 **주소** 충청북도 괴산군 청천면 괴산로 1337 **전화** 043-832-6362
- 전주식당 **주소** 충청북도 괴산군 청천면 청천2길 5 **전화** 043-832-0369
- 즐거운날 **주소** 충청북도 괴산군 괴산읍 읍내로2길 33 **전화** 043-833-1193
- 한도니 **주소** 충청북도 괴산군 사리면 사리로 226-5 **전화** 043-838-6090

충청남도 서산

가을

오일장이 없어도 괜찮아유
시장이 있잖아유

서산으로 가는 길에 비가 함께 했다. 가수 '비'라면 좋겠지만 하늘에서 내리는 비였다. 차창에 떨어지는 굵은 빗방울을 보면서 아주 징글징글하다는 생각이 들었다. 봄에 내리는 비는 '금', 추석 직전에 내리면 '똥'이라던 사과 생산자의 말이 생각났다. 똥 맞으면서 농원 이곳저곳을 다니고 있을 그의 모습도 같이 말이다. 올해는 하느님과 동업하기 참 힘들었던 해로 기억될 듯싶다.

서산오일장은 서산시 중심에 있는 동부전통시장에서 열린다. 2와 7일이 낀 날에 서는 이칠장이었다. '었다'는 과거형이다. 서산오일장은 과거형이다. 충청남도에서 안내한 오일장 일정표에 서산오일장도 있었지만 지금은 열리지 않는다. 주변에 할인점도 있거니와, 여전히 사람이 붐비는 동부전통시장이 오일장을 대신하기 때문이다. 오일장 날짜만 남은 오일장이다. 글이야 담담하게 풀어내고 있지만 현장에서는 할머니 세 명만 덩그러니 있는 모습에 잠시 '멍' 때렸다. 멍한 상태에서도 내리는 빗줄기 사이로 햇밤이 눈에 띄었다. 이제 만물에 단맛이 드는 가을이 왔음을 실감하며 시장 구경에 나섰다.

서산 시내를 지나도 바다 향기가 나지 않는다. 태안에 가야 비로소 바다가 있다고 생각하지만 아니다. 서산도 동서남북에서 남북이 바다다. 머리로는 가로림만과 대호만을 이고 다리 쪽으로는 천수만을 감싸고 있다. 바다가 가까운 시장의 공통점은 싱싱한 해산물이 많다는 것이다. 동부전통시장은 어물전이 강세다. 금어기 풀리고 잡은 수게가 산뜩 있다. 게는 껍데기를 벗으며 성장한다. 막 탈피한 여름 게는 껍데기가 물렁물렁하다. 무게가 덜 나가기에 잠수를 못 하고 바다 위를 떠다니기도 한다. 가끔 배 타고 바다에 나가면 부지런히 헤엄치는 꽃게를 만나는 일도 있다. 한여름에 산란과 탈피한 게들이 가을이 되면 살을 찌운다. 산란한 암게보다는 수게가 살을 먼저 찌운다. 그래서 봄에는 암게, 가을에는 수게 값을 더 쳐준다.

꽃게 사러 갈 때는 조수 간만의 차를 보고 가면 조금 더 저렴하게 살 수 있다. 조수 간만의 차가 큰 사리 물때에 가면 가격이 상대적으로 저렴하다. 물이 지나는 길목에 그물을 내리면 꽃게가 많이 들기 때문이다. 상대적으로 물이 움직이지 않는 조금 물때는 적게 잡혀 비싸다. 봄철이나 가을날에 꽃게를 산다면 물때부터 봐야 한다.

서산의 북쪽에는 이제 막 인기몰이를 시작한 쌉싸름한 해초가 난다. 시장에서 팔리는 해초의 이름은 감태. 서산 9미에 당당히 올린 이름도 감태다. 하지만 감태는 정확한 명칭은 아니다. 실제 이름은 '가시파래'다. 김처럼 말려서 먹기도 하고 남도 지방에서는 멸치액젓과 양념 넣고 새콤하게 김치로 만들어 먹기도 한다. 해외로 나간 감태는 영국, 홍콩 등지에서 새로운 식재료로 주목받고 있다. 하지만 감태의 참 매력은 살짝 구워 밥과 함께할 때 제대로 빛난다. 서산에서는 오래전부터 감태로 명인 지정을 받은 바다숲의 감태가 유명하다.

서산 9미 중에서 추석 즈음 불티나게 팔려나가는 게 생강한과다. 유과의 시작은 '삭힘'부터다. 찹쌀을 보름 정도 삭히고 말려 가루를 낸다. 가루를 반죽해서 적당한 크기로 자른 후 다시 또 건조한다. 그렇게 해야 유과 속에 얇은 층 천 개가 겹겹이 쌓여 유과의 특징인 '겉바속촉(겉은 바삭, 속은 촉촉)'이 된다. 찹쌀을 제대로 삭히지 않으면 속은 커다란 구멍이 듬성듬성 나 있는 모습이 된다. 제대로 된 유과는 속만 보고 알 수 있다.

서산은 이웃한 태안과 경상북도 안동, 전라북도 완주와 더불어 생강이 많이 나는 곳이다. 생강을 달곰하게 해서 말려 편강으로 만들기도 하고, 생강이나 편강 가루를 넣어 한과를 만든다. 서산의 생강한과는 달곰함 속에 생강의 쌉싸래함이 있어 상당히 맛있다. 내고향생강한과에서 살 수 있다.

어느 시장이든 장이 서면 호떡집에 말 그대로 불난 듯 사람이 몰린다. 호떡을 손에 들고 시장 보는 동안 생긴 허기를 달래는 이들이다.

호떡

불난 호떡집이지만 강 건너 불구경하듯 데면데면 바라만 봤다. 호떡은 구워야 제맛이라고 생각하기에 기름 흥건히 해서 튀기듯 구운 것은 매력이 없었다. 그런데 서산 시장 구석구석 돌아다니다가 호떡집에서 발목이 잡혔다. 그렇게 데면데면 지나쳤던 호떡이었지만 이번엔 달랐다. 굽고 있었다. 기름은 아주 살짝이, 뒤집은 가마솥 뚜껑 위에서 굽는 호떡을 바라보고는 바로 천 원짜리 지폐를 꺼냈다. 들고 다니며 먹을까 하다가 탁자 하나 차지하고 맛있게 먹었다. 모든 게 귀했던 시절의 호떡은 기름이 많지 않았다. 식용유가 흔해지면서 호떡의 맛이 변했다. 이는 빈대떡도 마찬가지다. 아무리 다양한 씨를 넣든지 간에 호떡은 구워야 제맛이라는 생각이다. 동부전통시장에 간다면 꼭 한 번은 먹어야 할 음식이다.

서산동부시장에 '요리하는 남자'가 있다. '대박집'이라는 식당 상호와 함께 쓰면서 실제로 요리하는 이도 남자다. 지금까지의 경험에 비추어 시장의 이런 식당을 생각하면 귀향한 젊은이들이 대부분이었다. 처음에 간판을 봤을 때 선불리 그리 생각했다. 식당에 들어서니 주인장 없이 비어 있었다. 가스레인지 위에 조림이 올려져 있는 것 보니 잠시 자리를 비운 듯싶어 시장 구경하다가 다시 들어갔다. 남자가 있었다. 손님들하고 잘 어울리는지 딸의 호소문이 벽에 붙어 있었다. "아빠랑 오래 살고 싶습니다. 아빠에게 술 주지 마세요"라고 말이다. 서산을 가면서 우럭젓국은 먹고 와야지 다짐했던 탓에 우럭젓국을 주문했다. 말린 우럭을 쌀뜨물에 불리고는 채소와 두부를 넣고 끓

우리 아빠한테 술 주지마세요,
아빠랑 오래 살꺼거든요 ㅋㅋ
같이 술 드시고 싶으시면 저녁 8시까지 기다리세요.
단호합니다. -딸-

대박집

여낸 음식이다. 우럭젓국으로 불리기에 사람들은 말린 우럭이 주인공이라 생각하지만 아니다. 실상은 우럭 뒤에 오른 '젓국'이 주인이다. 앞에 생선은 무엇을 갖다 놓아도 상관없다. 말린 농어로 끓이면, 말린 대구로 끓이면 이름이 바뀐다. 말린 생선의 깊고 시원한 감칠맛을 깔끔하게 끌어내는 역할이 바로 새우젓이다. 새우젓이 없으면 젓국도 없다. 목포에서도 말린 우럭으로 국을 끓인다. 거기서는 새우젓을 넣지 않는다. 그래서 목포에서는 '간국'이라 부른다.

우럭젓국의 매력은 시원함에 있다. 생선을 건조하는 과정에서 수많은 감칠맛이 생겨난다. 그 감칠맛이 오롯이 녹아든 국물은 보름 전에 먹은 술도 해독하는 능력을 지녔다. 우락부락한 아빠 남자가 음식을 낸다. 밑반찬마저도 깔끔하고 맛깔나다.

예전에 붕어 낚시에 한창 빠져 있었다. 2000년대 초반이었다. 가을날에 서산에 있는 중왕리 수로로 낚시를 하러 갔다가 근처에 있는 식당에서 박속낙지를 먹었다. 그 당시만 해도 지역의 특산 음식이 지금처럼 널리 알려지지는 않았다. 그 동네에 가야 맛을 볼 수 있거니와 그 음식을 처음 알게 되는 경우도 많았다. 박속낙지가 딱 그런 음식 중 하나였다. 이름만 봐서는 호박 속을 파내고 그 속에 낙지를 넣었나? 하는 생각을 했다. 막상 주문하니 낙지는 없고 넓은 냄비에 나박나박 썰어 놓은 박속만 있었다. 물이 끓기 시작하자 생낙지가 나왔다. 이내 뜨거운 물 속으로, 내 뱃속으로 자리 이동을 했다. 낙지를 먹고 나서는 밥이나 칼국수 면을 선택해 식사하면 마무리다.

서산 시내를 나와 당진과의 경계인 삼길포 방향으로 차를 몰았다. 삼길포가 목적지는 아니다. 그때 갔던 식당을 찾아가는 길이었다. 기억은 중왕리 수로 근처라는 것뿐. 상호도 모르고 식당의 형태도 가물가물했다. 거의 20년 만에 찾아갔지만 여전히 그 자리에 식당이 있었다. 낙지한마당. 다만 옛 건물은 다른 용도로 사용하고 있을 뿐이다. 그때도 혼자였고 여전히 지금도 혼자지만 박속낙지를 주문했다. 다만 다른 점은 박속낙지가 어떤 음식인지 안다는 것이었다. 박속낙지를 먹을 때는 요령이 있다. 낙지를 잘 낚아야 제대로 된 낙지 맛을 낚을 수 있다. 낙지는 오래 끓이면 질겨진다. 낙지를 넣고 다리가 오므라들기 시작하면 일단 꺼내야 한다. 대가리를 먼저 넣고 다리는 샤부샤부 하듯 살짝 데쳐야 낙지 특유의 보드라운 식감을 맛볼 수 있다.

서해안 고속도로 나들목 중에 해미나들목이 있다. 출장을 자주 다니는 사람으로 끼니때 해미를 지나친다면, 바로 나들목에서 1분 거리에 있는 시내로 간다. 시내에 식당이 많다. 전국적 명성을 얻은 중국집도 있어 아주 가끔 가지만 주로 소머리곰탕을 먹으러 간다.

출장이었는지 낚시였는지 가물가물하지만 이른 새벽이었던 것은 확실하다. 식당에 들어선 순간 깜짝 놀랐다. 식당 마당에 커다란 소 대가리 몇 개가 커다란 대야 속에 있었다. 곰탕을 끓이기 전에 핏물 빼는 모습이었다. 놀랐지만, 도축장에서 소와 눈을 마주치고 한 시간 뒤 고기 먹으러 간 적도 있었기에 담담히 곰탕을 주문했다. 나온 곰탕의 국물을 맛보니 서울 주변에서 먹었던 꼬릿한 소머리곰탕과 달리 깔

낙지한마당

읍성뚝배기

끔한 맛이 일품이었다. 그리고 같이 나온 마늘장아찌도 맛있었다. 보통은 곰탕 먹을 때 김치랑 먹는다. 이집 읍성뚝배기에서는 김치보다는 마늘장아찌랑 먹어야 더 맛있게 먹을 수 있다. 출장을 다니며 밥 먹으러 나들목 빠져나가게 만드는 식당 중 하나다.

상점 정보

- 바다숲 **홈페이지** www.badasoop.co.kr **전화** 041-667-5884
- 내고향생강한과 **주소** 충청남도 서산시 부석면 무학로 703 **전화** 041-664-2515
- 대박집 **전화** 010-9555-0660
- 낙지한마당 **주소** 충청남도 서산시 지곡면 어름들2길 83 **전화** 041-662-9063
- 읍성뚝배기 **주소** 충청남도 서산시 해미면 읍성마을1길 7-7 **전화** 041-688-0020

충청남도 예산

가을

빨주노초파남보 무지개빛은 아니어도 팥이 붉지만은 않아요

"떡 천 원어치만 주세요" 지폐 한 장을 내미는 내 손을 할머니가 쓱 쳐다봤다. 봉지에 떡 네 개를 담아 주면서 사투리로 뭐라 하셨는데 전혀 알아듣지 못했다. 되묻기도 뭐해 자리를 뜨면서 떡 하나를 먹었다. 단맛이 거의 없었다. 이왕 입에 들어온 거 넘겨야 하기에 시장 구경 하며 씹었다. 떡을 넘기고 바로 떡 한 개 더 먹었다. 씹는 사이 침이 전분을 엿당으로 바꿨다. 씹는 시간이 늘어날수록 단맛이 강해졌다. 설탕 같은 쨍한 단맛은 아니다. 단맛이 강한 지금의 떡과 아주 달랐다. 떡에서 단맛이 빠지니 팥의 구수한 맛이 명확해졌다. 은은한 단맛과 구수한 맛, 오랜만에 떡을 맛있게 먹었다.

사실 처음부터 떡 살 생각은 아니었다. 카메라를 챙기고 장터로 나서자 한 할머니가 떡을 사고 있었다. 장터에 빠지지 않는 것이 떡. 그리 특별한 품목은 아니었지만 파는 이나 사는 이의 모양새가 남달랐

◀ 시장 가는 길은 항상 설렘이 가득하다.

다. 떡 담음새도 달랐다. 만 원을 손에 쥐고 있길래 몇천 원어치 사려나 했는데 만 원어치를 다 샀다. 궁금함이 밀려와 나도 모르게 떡을 샀다. 원래 가격은 천 원에 세 개. 그런데 내가 받은 봉지에는 떡이 네 개 들어 있었다. 받은 만 원을 이마에 비비고(개시했다는 뜻으로 아침 시장에서 가끔 본다) 주머니에 넣자마자 천 원을 내미는 나를 어처구니없는 표정으로 보고는 별말 없이 덤 하나를 더 줬다.

10월, 시장에 콩이 많았다. 강낭콩의 모양이나 생김새가 다양한 것처럼 팥도 매한가지다. 팥이 무슨 색이냐 물으면 붉은색이라 대답할 것이다. 붉은 팥만 봤기 때문에 당연한 반응이다. 하지만 아니다. 검은색, 노란색, 푸른색 등 다양한 팥이 있다. 우리가 모를 뿐이다. 예산 옆, 홍성군 '홍주발효식품'에서는 팥으로 메주를 쑤고, 청국장을 담그기도 한다. 몇 년 전 SBS 〈폼나게 먹자〉를 촬영할 때 출연한 가수 아이유 씨가 팥으로 쑨 청국장을 진짜로 맛있게 먹었다. 팥 청국장은 콩 청국장과 다른 구수함과 단맛이 있다.

검은빛이 나는 재팥(그루팥)을 한 봉지 샀다. 밥에도 넣어 먹고, 팥찐빵도 만들어 볼 생각이었는데 몇 걸음 더 가자 여러 색이 섞인 팥이 있어 그마저도 샀다. 오일장은 슈퍼마켓처럼 정찰제는 아니지만 시장마다 형성된 표준 가격이 있다. 그날 팥은 한 바구니에 5천 원이었다.

돌고 도는 장터에서 손님을 기다리는 탱자가 눈에 띄었다. 유자도 어쩌다 보는 과일이 되었기에 탱자는 더더욱 보기 힘들어졌다. 몇 년 만에 만난 친구처럼 반가움이 밀려왔다. 한 바구니에 5천 원이다.

떡, 콩과팥

예산오일장 전경

한 바구니 5천 원에 탱자를 샀다.

"차에 두면 향 좋아. 청을 담가도 좋고" "장터 구경하고 가기 전에 사 갈게요" "그러셔" 대답하는 할머니 표정에는 '네 놈이 오긴 뭘 와' 하는 표정이 나타났다가 이내 사라졌다. 시장을 몇 바퀴 돌고 탱자 사러 가니 할머니 표정이 '저놈 진짜 왔네'다. 바구니를 봉다리(봉지가 맞지만 시장에서는 봉다리가 더 어울린다)에 담고는 두 손 가득 덤이 더해졌다.

예산장은 다른 장터와 달리 민물새우나 민물고기 파는 곳이 많았다. 수십 군데의 시장을 다녔지만 송사리까지 파는 곳은 없었는데, 예산장에는 있었다. 예산은 큰 저수지 두 개를 위아래로 품고 있는 동네다. 아래로는 예당지, 위로는 바다를 막아 호수로 만든 삽교호가 주인공이다. 그래서인지 예산 구석구석을 다니며 쉽게 맛볼 수 있는 것이 어죽이다. 어죽 집에서 찜용으로 손질하는 붕어를 보니 붕어찜 생각이 났다. 붕어찜을 먹기 위해 시장에서 조금 떨어진 예당지로 갔다.

붕어는 잔가시가 많다. 붕어찜을 회피하는 첫 번째 이유다. 두 번째는 민물고기에서 흙내가 난다는 선입견이다. 잔가시는 어쩔 수 없더라도 흙내는 선도가 안 좋은 민물고기에서만 난다. 저수지 인근의 식당이라면 선도 걱정은 없다. 나에게 붕어로 만든 음식은 소울 푸드다. 아버지 취미가 낚시였고 그 영향을 받아 나도 낚시가 취미다. 어렸을 때 낚시할 곳 많은 평택에서 자라기도 했거니와, 커가면서 아버지가 잡아 온 혹은 같이 잡은 붕어로 찜을 자주 해 먹었기에 붕어찜을 보면 아버지 얼굴이 자연스레 떠오른다.

대흥식당으로 간다. 시장에서 출발하기 전 미리 전화했다. 조리 시간이 30분 정도 걸리기에 예약하면 빨리 먹을 수 있다. 혼자이기에 붕어찜 작은 것을 주문했다. 큼지막한 붕어 두 마리가 들어 있다. 이제부터 붕어 가시와의 전쟁이다. 가시를 피해 살을 발라내고, 그러지 못하면 통째로 입에 넣고 우물우물 혀만 움직여 부드러운 살을 녹이고 뼈는 뱉어낸다. 귀찮은 작업이지만 생선찜 중에서는 가장 맛있는 붕어찜이기에 귀찮음은 '따위'가 된다. 가시만 없다면 붕어는 씨가 말랐을 것이다. 민물고기는 특유의 단맛이 있다. 붕어가 그중에서 단연 최고이기 때문이다.

예산은 시장 주변으로 국밥집과 국숫집이 많거니와 제법 유명한 곳이다. 그중에서 무엇을 먹을까 고민하다가 사회적 지원 등 이런저런 문구가 적혀 있는 작은 식당 하나가 눈에 띄었다. 재래시장을 활성

화하기 위해 여러 제도적 장치와 지원을 하고 있다. 청년 시장이라든가 주말 장터라든가 말이다. 지역의 농산물을 주로 사용하고도 한 끼에 3천 원이다. 반찬은 다섯 가지 정도 자유로이 담을 수 있다. 밥과 국은 따로 내준다. 먹은 날의 국은 돼지등뼈국. 가격은 3천 원이지만 맛은 7천 원 이상이었다. 미안할 정도로 저렴한 가격에 아침을 잘 먹었다. 일을 다 보고 집에 오니 식당 이름이나 전화번호 메모를 안 했다. 상설 시장을 오랫동안 지키고 있는 터줏대감 진영상회 바로 옆옆이라 찾기 쉽다.

예산읍에서 홍성으로 조금만 가면 삽교가 나온다. 가수 조영남 씨 노래 〈삽다리〉의 배경인 곳이다. 예산상설시장 근처에 국밥거리가 있지만 부러 삽교까지 넘어온 것은 국밥도 먹고 편하게 커피 한 잔까지 할 요량이었다. 거의 흔적만 남다시피 한 삽교오일장에 여전히 성업 중인 한일식당. 암소 대가리만 사용하는 소머리국밥집이다. 맑은 국물의 소머리국밥이 아니다. 얼큰한 국물 속에 밥과 머릿고기가 가득 들어 있다. 따로국밥 스타일로 주문할 수 있고 '특'도 있지만 보통만 주문해도 배가 불렀다. 월요일 휴무지만 삽교오일장이 서는 날이면 문을 연다.

국밥을 먹고 주차장으로 오면 바로 '삽교커피클래식'이 있다. 한옥을 개조한 카페로 서까래를 살려 실내 장식을 했다. 자매가 운영하는 곳으로 직접 로스팅하고 숙성한 원두를 그날그날 바꿔가면서 커피를 내고 있다. 10월 30일, 예산장이 선 날의 원두는 '파푸아뉴기니 모르

대흥식당

베'였다. 국밥을 먹고 와서는 스콘을 같이 주문했다. 세트로 주문하면 버터나 잼이 무한 리필이라는 말에 덥석 주문했다. "배불러" 소릴 하면서도 결국 하나를 다 먹고 나머지는 조금 먹다 말았다. 쟁반을 돌려주고 화장실 갔다가 오니 남은 것을 포장해 놨다.

예산에서 꼭 먹어야 할 음식에 이제는 삭힌 김치도 추가해야 한다. 삭힌 김치는 토종 배추인 구억배추로 담그고 실금이 가거나 깨진 독에 담아 숙성한다. 본디 김치는 숙성되며 생기는 김칫국물이 배추 특유의 아삭한 식감을 없애는데, 이를 막기 위해 깨진 독에 담아 국물이 생기는 족족 빠지도록 한 것이다. 숙성 과정도 특별하지만, 김치 담그는 배추는 더 특별하다. 제주 구억리에 사는 할머니가 가지고 있던 토종배추라 구억배추라 부르게 되었다. 일반적인 배추와 모양새는 비슷

한일식당

토담골

하지만 속이 차지 않은 배추다. 대신, 배추 특유의 씁쓰레한 맛과 아삭한 식감이 일품이다. 구억배추를 맛보고 난 후 다른 배추를 맛보면 심심할 정도다.

토담골에서는 구억배추를 집 주변 텃밭과 따로 임대한 밭에서 직접 재배하고 있다. 삭힌 김치를 된장과 들깻가루만 넣고 찌개를 끓이면 맛이 기가 막힌다. 언뜻 봐서는 시래기와 우거지 넣고 끓인 것처럼 보이지만 맛을 보면 숙성의 향이 가득하다. 살짝 치즈 향도 나면서 밥을 부르는 맛이다. 식감도 우거지처럼 부드럽지만 힘이 있는 부드러움이다. 김치로 끓인 찌개 중에서 가장 독특하고 맛있다. 사전에 예약해야 먹을 수 있다.

상점 정보

- 홍주발효식품 **주소** 충청남도 홍성군 금마면 충서로1932번길 20 **전화** 041-634-1479
- 대흥식당 **주소** 충청남도 예산군 대흥면 노동길 14 **전화** 041-335-6034
- 한일식당 **주소** 충청남도 예산군 삽교읍 두리2길 60 **전화** 041-338-2654
- 삽교커피클래식 **주소** 충청남도 예산군 삽교읍 두리3길 48-10 **전화** 070-8804-1914
- 토담골 **주소** 충청남도 예산군 봉산면 금치길 216-26 **전화** 041-337-0357

충청남도 태안

가을

긴 해안선만큼이나 맛난 것들이 나는 동네, 태안

태안에 갔다. 오래전부터 다니던 곳인지라 풍경이 정겹다. 2000년대 초 안면도 출장을 1년에 몇 차례 갔었다. 색과 향이 좋은 안면도산 유기농 태양초와 이맘때 수확하는 고구마가 목적이었다. 여름 끄트머리에 밤고구마가 난다. 가을 중반이면 전국 여기저기서 호박고구마가 난다. 안면도도 마찬가지로 맛있는 고구마가 난다. 송림과 물 좋은 해변에 밀려 덜 알려졌지만 말이다.

태안에는 안면도산 태양초 고춧가루와 생강, 마늘 등 태안의 농산물을 사용해 김치를 담그는 곳 또한 있다. 담채원이다. 유기농 김치를 전문으로 생산하고 친환경 급식하는 곳에도 공급하고 있다. 태안의 김치는 처음 맛보면 심심한 듯하지만 시간을 두고 먹으면 진짜 맛있음을 알게 된다. 충청도 주인장의 성정과 김치 맛이 비슷하다. 몇 년 전부터 처가 김치 담글 때 절임 배추를 주문한다. 처음에는 작은 유기농 배추에 장모님이 당황했다. 맛을 보고 나서부터는 두말 안 했다. 유기농 배추는 크기가 작다. 하지만 담고 있는 배추의 맛은 크기 이상이다. 이제는 그 맛을 알아 때가 되면 수량만 알려주곤 한다.

출장 말고도 태안 구석구석 다녔다. 바다 루어 낚시에 빠져 태안 곳곳을 다녔다. 아래로는 영목항, 위로는 태안의 가장 끝 만대까지 말이다. 태안의 섬도 제법 다녔다. 특히 안흥항 앞 가의도가 아지트 급이었다. 그 덕에 가의도 마늘을 알게 되었다. 가의도는 작은 섬이지만 태안 육쪽마늘의 씨마늘을 공급하는 소중한 곳이다. 가의도 마늘은 작지만 아린 맛은 적고 단맛이 좋다. 씨마늘이 외부 오염 없이 섬에서 자라기에 육쪽마늘 품질이 좋을 수밖에 없다.

추석 지나 찾은 서부시장은 썰렁했다. 어느 정도 예상은 했다. 작년에도 그랬고, 재작년에도 그랬다. 명절 대목장이 끝나고 활기를 찾으려면 보름은 지나야 한다. 오가는 이도 파는 이도 드문 오일장터는 서부시장 한편에 있다. 다들 작은 빨간 대야 몇 개를 앞에 두고 있다. 채소 몇 가지를 깔고 있는 이도 있지만, 공통점이 있었다. 강낭콩이나 팥이 있다는 것이다. 심지어 옷을 파는 곳이나 양말 파는 점포에서도 쉽게 보였다. 긴 꼬투리 속의 팥알을 까는 이의 손놀림이 바쁘다. 벌써 팥이 나오기 시작하니 곧 대두가 나오겠다. 이내 서리 내리면 가을은 떠날 준비를 할 것이다. 시장이 썰렁해도 태안은 괜찮다. 긴 해안선을 지닌 태안이기에 규모 있는 항구마다 싱싱한 해산물 살 수 있는 어시장이 있다. 읍내에서 20분 거리에 어시장이 서너 개 있다.

읍내에서 서쪽으로 가면 안흥항이 나온다. 여름이면 오징어잡이 배가 불야성을 이루는 곳이다. 지금은 오징어 대신 꽃게 작업이 한창이었다. 배에서 내린 꽃게는 빠르게 분류 작업하고는 톱밥에 담겨 전국으로 나간다. 10월이지만 꽃게 살은 아직 덜 여물었다. 육지는 가을의 막바지로 들어서지만, 바다는 이제 가을 초입이다. 살이 차려면 보름은 더 있어야 할 듯싶었다. 안흥을 나와 위쪽으로 가면 모항항이 있다. 남쪽으로 내려가면 몽산포, 더 남쪽으로 가면 안면도 초입에 백사장항이 나온다. 두 곳 모두 어시장이 있다. 백사장항 초입에는 태안로컬푸드직매장이 자릴 잡고 있다. 전국을 다니며 로컬 푸드 판매장을 봤다. 운영이 잘되는 김포와 완주는 농축은 괜찮아도 수산물은 부족하다. 태안로컬푸드직매장은 수산물까지 다양하게 구성되어 있었다. 전국에서 봤던 매장 중 아직은 여기가 최고다. 태안오일장에서 열리지 않았던 내 지갑이 여기서는 열렸다. 딸 아이 간식용 고구마, 태안 자염, 반건 삼식이(삼세기)와 마른오징어다. 마른오징어에는 냉동, 선어, 배 오징어 세 가지가 있다. 셋 중에서 가장 맛있는 것이 배 오징어다. 배에서 잡자마자 말린 것으로 씹는 맛이 다르다. 고구마는 가장 작은 포장으로 골랐다. '풍원미'라는 이름의 호박고구마다. 호박고구마는 저장할수록 당도가 올라간다. 처음에는 밤고구마 비슷한 식감이다. 특유의 단맛 가득한 말랑함을 기대했다가는 실망이 크다. 그래서 가장 작은 포장을 골랐다. 역시나 집에 와서 구운 고구마는 밤고구마 맛이었다. 가을이 끝나고 파카 꺼내 입을 때까지 고구마는 사지 않을 생각이다. 추위가 단단해질수록 고구마는 단맛이 든다.

명절 직후 태안 오일장은 썰렁했다.
강낭콩 다발만이 가을이 왔음을 알려주고 있었다.

장터 구경하기에 앞서 아침 해결이 먼저였다. 태안 사람들이 즐겨 찾는 메뉴 중에 바지락김칫국이라는 메뉴가 있다. 태안에서 나는 바지락을 해감하고는 전해 가을에 담근 김장김치와 함께 끓인 음식이다. 김치와 바지락이 내는 하모니가 상상 이상이다. 태안의 바지락은 작다. 깊은 바다에서 나는 것이라면 알이 클 것이지만 펄에서 나는 것은 계절을 탄다. 가을, 겨울 지나 봄 즈음이어야 알 굵은 바지락이 난다. 하지만 펄에서 나는 것이라 작아도 옹골찬 맛이 있다. 그런 바지락을 쓰니 일단 국물이 끝내준다. 첫술에 바로 반한다. 밥을 말고 나면 다른 반찬에 손이 잘 안 간다.

광장식당에 아침 9시에 들어갔다. 7시 30분부터 문 연 식당에 밥이 떨어져서 뜸 들이고 있기에 잠시 기다렸다. 기다리는 사이 다 먹

광장식당

은 이들이 떠나고 다른 이들로 금세 채워졌다. 시원한 국물에 며칠 전부터 계속 쌓인 숙취가 사라졌다. 태안 동부시장 근처라 한 그릇 하고 동부시장과 길 건너 서부시장 산책 삼아 다니기 딱 좋다.

태안에 가면 게국지, 우럭젓국 판매하는 곳이 많다. 처음에는 이러지 않았다. 게국지나 우럭젓국 파는 곳은 물어물어 가야 할 정도였다. 허영만 화백의 〈식객〉에 두 메뉴가 처음 소개된 후로 여러 매체에서 다뤘다. 그 이후로 태안에서 꼭 먹어야 할 메뉴가 되었다. 우럭젓국은 나도 좋아한다. 우럭젓국을 좋아한다기보다는 '젓국'을 좋아한다. 반건조 생선에 새우젓으로 맛을 내 끓인 음식이 젓국이다. 농어 말린 것이나, 쥐노래미(놀래미) 말린 것을 넣어도 맛있다. 겨울에는 대구 말린 것으로 끓여도 좋다. 게국지는 먹어 본 적이 없다. 일단은 가격이 6~10만 원인데, 김치와 게를 넣고 끓인 찌개를 그 가격에 먹을 생각이 없다. 그 가격이라면 오롯이 꽃게탕을 먹는 것이 낫다. 게국지 만큼이나 많은 것이 게장. 개인적으로 양념이나 간장이나 둘 다 별로다. 날것보다는 열을 받았을 때 내는 갑각류와 조개류 향에 더 끌린다. 날것에는 그런 향이 없고 짭조름한 양념 맛만 있다. 가격도 게국지만큼이나 '허걱' 소리가 난다.

솔밭가든은 오래전에 안면도농협 사람들과 밥 먹으러 갔다가 주요리보다 반찬에 더 매료된 곳이다. 구운 김 위에 밥, 나물 그리고 젓갈을 올리면 끝장이다. 마무리는 총각김치. 탕이 끓기도 전에 밥 한 공기를 비웠다. 그런 기억이 있어 오랜만에 찾았다. 갈치젓은 여전했다.

솔밭가든

미식가

총각김치는 없었지만 말린 망둥이조림이 대신했다. 꽃게탕은 시원했다. 꽃게탕이 주연이기는 하지만, 잘 되는 드라마처럼 조연들이 주연급이다. 여기서는 밥 추가 필수다.

한 가지 음식만 하는 곳치고 맛없는 곳을 본 적이 없다. 맛없다면 진작에 망해 내 눈에 띄지 않았을 것이다. 태안 동부시장 근처에 한 가지, 생선구이만 파는 '미식가'라는 식당이 있다. 생선구이라면 원양산도 있을 법한데 국내산으로만 낸다. 계절에 따라 생선 구성은 바뀐다고 한다. 반찬이 차려지고 구이가 나왔다. 생선이 무엇인가 물어보려다가 말았다. 바쁜 사람 붙잡고 묻기보다는 계산하면서 궁금한 것만 물어봐도 될 듯싶었다. 나온 생선을 봤다. 삼치, 조기, 가자미에 몸통이 약간 긴 녀석이 있다. 대가리를 살펴보니 놀래미 같았다. 생선만 먹어도 밥 한 공기 뚝딱인데, 같이 나온 된장국에 꽃게가 들어 있어 단맛이 가득했다. 반찬 없이 이것만 먹어도 충분할 정도였다. 예약하고 가면 기다리지 않는다.

상점 정보

- 담채원 **주소** 충청남도 태안군 태안읍 선비길 200-16 **전화** 070-4190-2594
- 광장식당 **주소** 충청남도 태안군 태안읍 시장6길 5 **전화** 041-675-5435
- 솔밭가든 **주소** 충청남도 태안군 안면읍 장터로 176-5 **전화** 041-673-2034
- 미식가 **주소** 충청남도 태안군 태안읍 시장8길 4 **전화** 041-674-1677

4장

전라도

남원 * 담양 * 함평 * 영광 * 장흥 * 고흥 * 해남

전라북도 남원

봄

미국에서 온 버크셔 돼지,
이제는 남원에 정착했어요

2020년, 코로나 19가 봄을 지웠다. 우리네 일상 또한 멈췄다. 다시 시작하는 5월, 어디로 떠날까 고민하다가 전라북도 남원으로 떠났다. 봄은 떠날 준비를 마쳤지만 장터에 나온 나물에 발길을 잡히고 있었다. 조생 양파는 여름이 다가옴을 알린다. 오랜만에 구경 나선 장터는 봄과 여름이 교차하고 있었다.

출발할 때 일정은 1박 2일이었다. 5월이면 지리산 자락의 정령치에서 은하수를 마음껏 볼 수 있거니와 8일은 인월장, 9일은 남원장을 볼 생각이었다. 새벽을 달려 아침나절 남원 인월면에 도착하니 청천벽력 같은 소식. 8일 저녁부터 100mm가 넘는 비 소식이다. 그런데 마구마구 꼬이는 일정 걱정보다 내심 비 소식이 반갑다. 봄철에 내리는 비는 '금'이다. 가을걷이를 위해 봄철의 풍부한 강수량은 꼭 필요하기 때문이다. 반면에 가을에 내리는 비는 양과 상관없이 '똥' 취급이다.

◀ 텃밭에 심을 모종 몇 개를 가방에 지고 있다.

아무짝에도 소용없고 수확하는 농산물의 단맛만 떨어뜨린다. 겨울 보낸 양파는 수확하더라도 봄은 씨뿌리는 계절. 작은 인월장터에 모종 파는 이가 많고 사는 이도 많다. 불난 호떡집이 한 수 접고 들어올 정도다. 고추, 토마토, 오이 등등 다양한 모종이 선을 보인다. 대부분 텃밭용이다. 농사지어 팔 것은 종묘상을 통해 대량 구매한다. 여름을 보내며 이웃과 나눠 먹거나 반찬용으로 쓸 것은 장터에서 그때그때 몇천 원 내로 산다. 가방 멘 할머니 등에 얌전히 있는 토마토 모종이 눈에 띄었다. 어쩌면 여름에 놀러 올 손주를 위한 찰토마토가 아닐까 싶다.

인월면은 여느 면 소재지처럼 작다. 면 소재지를 조금만 걸어도 상점가가 금세 끝나지만, 인월면은 고려 시대부터 중요한 역참이 있던 곳이다. 경상도와 전라도를 가로질러 장이 서는 곳이 화개장터뿐만이 아니라 인월장도 그렇다. 남원시 인월면에서 고개 하나 넘으면 경상남도 함양이다. 인월의 음식에서 살짝 경상도 맛이 나기도 한다.

남원은 성춘향과 이몽룡의 광한루, 추어탕이 참으로 유명하다. 남원 하면 대부분의 사람이 이 두 가지를 떠올린다. 하지만 남원을 찬찬히 살펴보면 추어탕 외에도 맛난 것이 많다. 나처럼 1년에 서너 차례 가는 사람이야 훤히 알지만 말이다.

남원은 지리산의 북쪽 편이다. 뱀사골, 정령치가 남원에 있다. 지리산 자락을 병풍처럼 두르고 있기에 생각보다 해발고도가 높다. 추어탕을 먼저 시작했다는 운봉읍은 평지처럼 보여도 해발고도가 500m 전후다. 지대가 높다 보니 근래 들어 남원 전역에서 사과 농사가 활성화되고 있다. 2000년대 초반 남원을 다닐 때는 사과 농사가 많지 않았다. 그 당시만 하더라도 경상북도 사과가 전국 사과 생산량의 대부분을 차지하고 있었다. 지금은 생산량은 적지만 지리산 권역의 남원을 비롯해 덕유산 권역의 장수, 진안, 무주에서 맛좋은 사과를 생산하고 있다.

지리산 골짜기가 깊기에 아침과 저녁나절이면 맛있는 바람이 분다. 그 바람은 나락의 살도 찌우지만, 아카시아꽃이 질 무렵 계곡에 하얀 꽃이 떼로 피게 한다. 꽃이 떼로 핀다고 해서 이름도 때죽이다. 때죽에서 채취한 꿀은 향이 부드럽다. 향은 연하지만 여운이 상당히 길다. 계절에 따라 벚꿀, 감귤꿀, 아카시아꿀, 때죽꿀, 싸리꿀, 엄나무꿀, 밤나무꿀, 피나무꿀이 나온다. 양봉하시는 분들은 벚꿀을 좋아한다고 하는데 입맛은 개인의 것. 나는 때죽꿀이다. 지리산한봉영농조합에서 살 수 있다.

노고단에서 뱀사골로 부는 바람은 산내면 산자락에서 짭조름한 바람이 된다. 고향 남원 산내면을 떠나 요리를 배운 양재중 셰프가 고향으로 돌아와 봄과 가을에 숭어알로 어란을 만들고 있다. 찬해원에서는 숭어알을 소금에 재웠다가 말린다. 말리는 과정에 전통 방식인 참기름 대신 문배주를 발라 맛이 산뜻하다.

이외에도 최근 서울 도심에도 공장이 생길 정도로 알려진 저온 압착 참기름도 남원이 거의 시조 격이다. '지리산처럼'에서 남원시 운봉읍과 일대의 참깨를 저온에서 살짝 볶아 만든 참기름은 때죽꿀처럼 향이 연하다. 하지만 참기름의 향이 다른 식재료의 향을 침범하지 않고 밑에서 튼실한 받침대 역할을 한다. 맛있는 참기름은 코가 먼저 반응하지 않는다. 혀끝에서 향을 느끼는 참기름이 맛있는 참기름이다.

남원 광한루 주변에는 추어탕거리가 있다. 저마다의 맛을 뽐내는 곳이 많다. 개인적으로 시내의 추어탕보다는 인월면에는 있는 어탕집이 입에 더 맞는다. 미꾸라지로 만들면 추어탕, 다른 민물고기로 끓이면 어탕이다. 가을 미꾸라지로 끓였기에 추어탕이라 했지만 이제는 추어탕과 어탕의 경계가 모호해졌다. 얼큰한 국물에 제피나 후추까지 넣고 먹으면 구별하기가 쉽지 않다. 어탕에서 제피가 빠지면 섭섭하

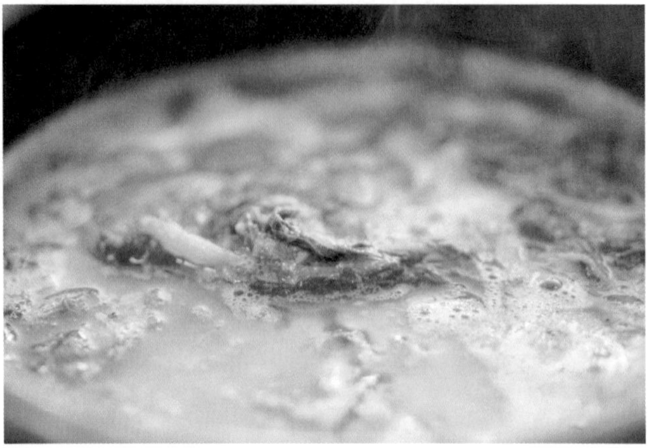
두꺼비집

다. 제피는 산초처럼 아린 맛이 난다. 산초와 다른 점은 싱그러운 신맛이 있다는 것. 제피를 넣는 순간 국물이 두 단계 업그레이드된다. 금강변에서 어탕을 먹으면 제피가 없어서 어탕 맛이 심심하다.

산내면 두꺼비집의 어탕은 추어탕이나 다른 곳의 어탕과 모양새가 다르다. 일단 국물이 맑은 된장국과 비슷하다. 아욱 넣고 맑게 끓여낸 국물은 잡내 없이 입에 착 달라붙는다. 국물을 맛본 다음은 취향껏 제피며, 다진 청양고추를 넣고 매운맛을 조절해서 먹는다. 밥과 국수를 고를 수 있는데 어탕에는 밥이 낫다.

6년 전에 남원에 흑돼지 농장을 간 적이 있다. 흑돼지는 원래 영국이 원산지인 버크셔 품종이었다. 버크셔는 18세기 미국으로 갔다가 남원에 정착해 버크셔K가 되었다. 버크셔 뒤에 'K'가 붙는 까닭은 국제연합식량농업기구에 한국 고유종으로 등록되었기 때문이다. 우리가 먹고 있는 99.99%의 돼지는 대부분은 외래종이고 종자는 수입하고 있다. 한국 고유종으로 등록된 것이나 육종한 것은 그럴 필요가 없다. 버크셔K를 비롯해 우리흑돈, 난축맛돈 등이 대표적이다. 이런 흑돈 계통의 특징은 비계가 맛있다는 것이다. 버크셔는 비계의 수분 함량이 적어 쫄깃하다. 살짝 구우면 고기 씹는 듯한 착각이 들 정도로 씹는 맛이 좋다. 비계가 맛있으니 고기는 두말할 필요가 없다.

돼지고기는 굽다가 표면이 갈색으로 변할 때가 가장 맛있다. 소고기로 치자면 미디엄 레어에서 미디엄으로 넘어가는 순간이다. 고기는 탄력과 부드러움을 동시에 지니고 육즙은 빠져나가기 일보 직전이라 씹는 순간 터진다. 고기를 먹다가 식초를 청해 된장에 살짝 치고 먹으면 입안이 개운해진다. 고기를 끝까지 맛있게 먹을 수 있는 팁이다.

토종닭으로 하는 대표 요리가 닭볶음탕, 백숙, 구이다. 전국의 산과 계곡에서 맛볼 수 있다. 토종닭으로 끓인 뭇국은 남원에서 맛볼 수 있다. 보기에는 닭과 무 넣고 단순한 방법으로 끓여 만든 음식이지만 단순한 방식이 본연의 맛을 끝까지 끌어냈다. 여태 왜 그 생각을 못했을까 반성하게 하는 맛이었다. 보통 소고기로 국을 끓일 때 무를 넣는다. 구수한 소고기 향과 시원한 무의 궁합은 춘향과 몽룡만큼 좋다. 소고기 대신 토종닭을 넣고 끓이면, 궁합이 더 좋아지면 좋아졌지 나빠지지 않는다. 토종닭 특유의 감칠맛과 구수함이 소고기뭇국과는 사뭇 다른 맛을 낸다. 게다가 소고기뭇국에서는 맛볼 수 없는 씹는 맛

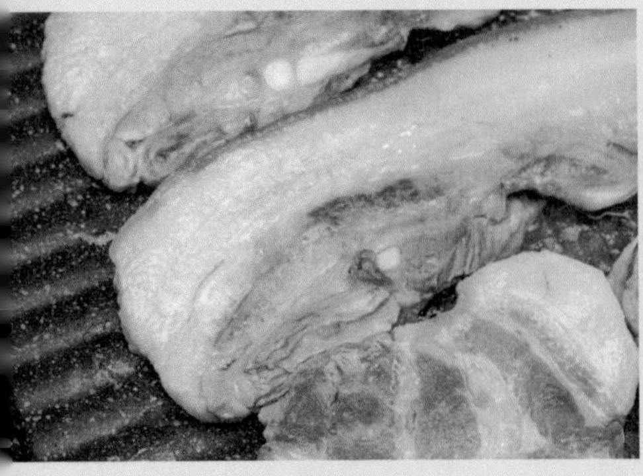
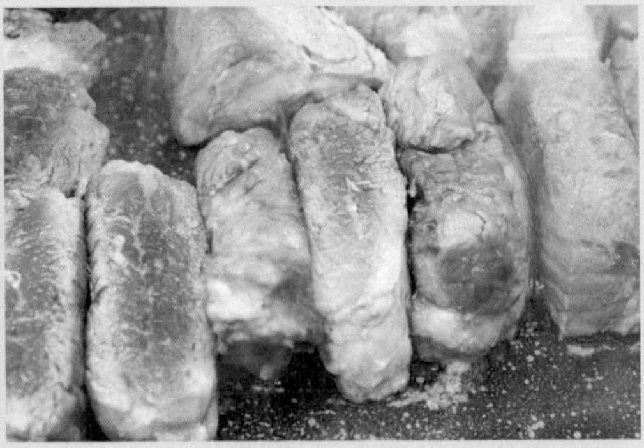

지리산고원흑돈

내촌식당

이 있다. 먹기 좋은 크기로 토막 낸 닭고기 뜯어 먹는 맛이 제법 쏠쏠하다. 맛보고 나서는 생각날 때 가끔 집에서 끓이는데, 소고기뭇국은 '따위'가 되어버린다. 내촌식당은 슈퍼를 같이 운영한다. 음식 만드는 데 시간이 걸리니 한 시간 전에 예약하고 가면 좋다.

상점 정보

- 지리산한봉영농조합 **주소** 전라북도 남원시 산내면 황치길 22 **전화** 063-635-3470
- 찬해원 **주소** 전라북도 남원시 산내면 중기1길 75 **전화** 070-4823-1747
- 지리산처럼 **주소** 전라북도 남원시 운봉읍 가산화수길 71-13 **전화** 063-636-8788
- 두꺼비집 **주소** 전라북도 남원시 인월면 인월장터로 3 **전화** 063-636-2979
- 지리산고원흑돈 **주소** 전라북도 남원시 아영면 인월장터로 248 **전화** 063-625-3663
- 내촌식당 **주소** 전라북도 남원시 주천면 정령치로 201 **전화** 063-626-1033

전라남도 담양

여름

대통밥과 떡갈비는 담양의 맛 중 하나일 뿐

전라남도 담양에 출장을 처음 간 게 2000년대 초. 20년 가까이 매년 가고 있다. 설날과 추석 두 번은 기본으로 가니 족히 40번 넘게 담양 출장을 다녔다. 담양은 유명한 게 참 많은 곳이다. 먹는 것으로는 떡갈비, 대통밥, 한정식이 있고, 풍경으로는 메타세쿼이아 길이 유명하다. 메타세쿼이아 길은 사시사철 좋지만 봄 초록이 한창일 때, 4월 중순의 아침 나절이 가장 아름답다. 관광객은 먹고 즐기러 담양을 가지만 식품 MD는 한과 때문에 담양에 간다.

일상에서 "엿이나 먹어"라는 말을 들으면 싸우자는 신호다. 하지만 담양하고도 창평면에서는 실제로 엿 먹으라는 소리다. 싸우자고 덤비면 안 된다. 창평은 옛날부터 조청과 엿을 만들었고, 그 맛이 뛰어나기로 소문이 자자한 고장이다. 조청을 만드는 이들이 많다 보니 자연스레 한과 만드는 공장도 여기 모여 있다.

메타세쿼이아 길

조청을 더 고아 길게 늘이기를 몇 번 하면 엿이 된다. 창평의 엿은 겨울에만 만들어 먹던 별미다. 짙은 갈색의 엿을 늘리면 허옇게 색이 변한다. 늘리는 과정을 반복하다 보면 엿 반죽 속에 공기 방울이 생긴다. 엿이 식으면서 공기가 빠져나간 곳은 구멍이 된다. 담양 엿이 다른 엿에 비해 바삭한 이유다. 바삭한 엿이 녹으면 살짝 생강 맛이 나고는 이내 사라진다. 날이 조금이라도 더워지면 특유의 바삭함이 사라지고 눌어붙는다. 그래서 창평 엿은 사계절 냉동고에 보관한다. 면사무소 근처 하나로마트에서 살 수도 있고, 한과와 함께 구매할 생각이면 면 소재지에서 얼마 떨어지지 않은 '담양한과' 공장으로 가면 된다.

창평오일장은 5일과 10일에 열리는 작은 장이다. 작은 규모의 장

터지만 계절의 변화를 느끼기에는 충분하다. 계절의 분주함은 사람들의 발길이 자주 머무는 곳을 보면 바로 알 수 있다. 장터에 갖가지 농산물이 있지만 유독, 말린 고추와 쪽파 씨 파는 곳에 사람들이 자주 발길을 멈춘다. 안 사더라도 슬쩍 가격이라도 묻고는 간다. 말린 고추와 쪽파 씨는 김장을 위한 재료다. 말린 고추를 미리 빻아 두고, 쪽파는 8월에 심어야 김장에 쓸 수 있다. 불볕더위가 한창인 8월이지만 김장에 쓸 배추는 이미 파종을 끝냈다. 보통 배추는 90일 정도 자라야 수확하니 11월 김장철에 맞추려면 지금 심어야 한다. 농부들이 계절을 앞서 살기에 우리가 채소며, 쌀을 편하게 살 수 있다.

하늘이 점점 높아진다. 곧 가을이다.

고구마 줄기를 다듬는 좌판 주변마다 호박 몇 개가 덩그러니 놓여 있다. 둥근 형태는 풋호박, 통통한 막대 형태를 보통 애호박이라 한다. 호박의 원산지는 감자와 같은 중앙·남아메리카로, 조선 시대에 국내에 들어온 것으로 알려졌다. 늦봄에 호박씨를 심고 넝쿨이 올라오기 시작하면 여린 잎을 데쳐 상에 올린다. 이렇게 꽃이 피고 호박이 열리기 시작한 며칠 후부터 먹을 수 있는 호박은 여름을 대표하는 채소다.

슈퍼마켓에서 항상 반듯한 모양새의 애호박을 볼 수 있다. 꽃이 떨어지고 애호박이 크기 시작하면, 투명 필름에 넣고 키워 꼭지만 따고 수확한 것이다. 필름이 모양의 변형을 막기 때문에 반듯하다. 둥근 풋

고추 사 가는 할머니

청평오일장

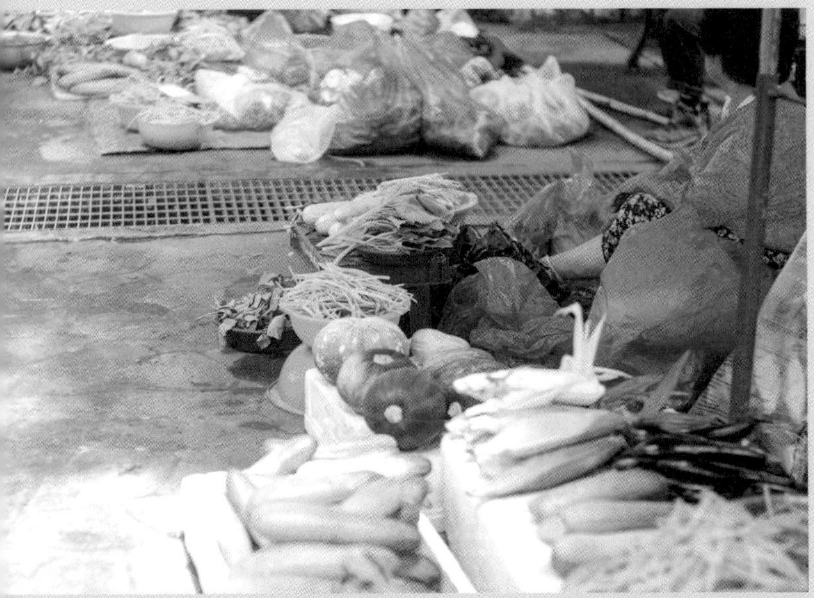

호박을 서리 내릴 때까지 키우면 늙은 호박이 된다. 호박죽이나 떡의 재료가 되는 늙은 호박은 별도의 종이 아니다. 한여름 반찬으로 먹던 풋호박 몇 개를 그대로 두면 늙은 호박이 된다. 오일장 한 쪽에 애호박도, 늙은 호박도 아닌 중장년 호박이 천 원에 팔리고 있었다. 우리네 인생사하고 묘하게 닮았다. 값어치 떨어지는 중장년 말이다. 청년급의 애호박은 2천 원이었다.

창평은 순대국밥이 유명하다. 20년 전 처음 먹었을 때는 국밥 파는 곳이 거의 없었다. 시간이 지나면서 하나씩, 하나씩 늘어 국밥 타운이 됐다. 빨간 국물의 순대국밥만 먹어 본 서울 촌놈이라, 처음에는 왠지 잡내 날 것 같은 맑은 국물에 기겁했었다. 국물 한 모금 맛보니 잡내는커녕 깔끔함에 감칠맛까지 도는 국물이었다. 내장과 고기가 듬뿍 든 순대국밥 한 그릇이면 서울로 가는 동안이나, 보성, 순천, 고흥까지 가도 속이 든든했다. '원조창평시장국밥'은 전국을 다니며 먹어본 국밥 중에서 광주 양동시장 국밥과 함께 첫손가락에 꼽는 곳이다. 깨끗한 국물과 입에 착착 달라붙는 김치 맛이 좋다. 나는 한 곳만 20년 가까이 갔지만 현지의 지인들은 건더기나 국물 맛으로 선호하는 식당이 갈렸다. 내년 설날 전에 가면은 다른 식당도 가 볼 생각이다.

국밥을 먹고 창평면사무소 앞으로 가면 시간을 거꾸로 돌린 듯한 풍경이 나타난다. 골목길이 짧아 보이지만 길을 이으면 3.6km에 이른다. 천천히 걷다 보면 국밥은 이미 소화가 다 됐다. 창평면과 이웃하

원조창평시장국밥

고서회관

는 고서면으로 10분 정도 운전하면 저렴한 가격에 육회비빔밥과 육전을 맛볼 수 있다.

전라남도는 경상북도 다음으로 소 사육 두수(頭數)가 많다. 특히 암소 사육이 많아 거세우보다 저렴하고 맛있는 소고기를 먹을 수 있다. 대도시에서는 식당마다 가격은 다르지만 육회비빔밥이 만 원대 중후반이다. 들어있는 육회의 양은 병아리 눈물만큼 적다. 전라남도는 지역마다 한우 산지가 있다 보니 상대적으로 육회비빔밥 가격이 저렴하다. 싼 곳은 7천 원부터 비싸야 만 원 초반이다.

고서면에 있는 고서회관의 메뉴는 두 가지. 육회비빔밥과 육전이다. 7~8천 원짜리 백반만 시켜도 수십 가지 반찬이 나오는 전라도답지 않게 반찬이 서너 가지뿐이다. 육회비빔밥의 주연은 육회. 당연히 육회가 많아야겠지만 딸려 나오는 반찬에 원가 분산되면 육회의 양은 자연스럽게 줄어든다. 고서회관은 반찬 가짓수를 줄이고 육회에 집중했다. 올린 육회 양이면 도시에서 먹는 육회비빔밥 서너 그릇은 만들 수 있는 정도다. 육전은 호주산 부채살로 만든다. 가격은 9천 원으로 저렴하지만, 맛은 그 이상이다. 육회비빔밥도 9천 원이다. 영업시간이 짧아 겨우 마감 시간에 도착해 먹고 왔다. 11시 30분부터 시작해 2시 30분에 종료한다.

담양 읍내의 메타세쿼이아 길이 유명하다. 나무가 좀 많다뿐이지 유일한 것은 아니다. 담양 곳곳에서 운전해 보면 참 아름다운 길이 많다. 개인적으로 담양 읍내에서 순창 넘어가는 옛길을 가장 좋아한다.

오가는 차량이 적어진 한적한 옛길, 마주 보는 나무 사이로 비치는 햇살이 여전히 참 좋은 곳이다. 또 다른 길은, 광주호로 가는 길이다. 고서면에서 차로 10분 거리에 광주호가 있다. 호수가 있는 곳은 담양군인데 이름은 광주호라 부른다. 아무리 고개 하나 너머가 광주라고 해도 지나칠 때마다 이름 참 생뚱맞다는 생각이 들었다. 아무튼 이 길은 아름드리 메타세쿼이아 나무 길을 호젓하게 드라이브할 수 있고 맛있는 포도를 살 수 있는 길이다.

십몇 년 전에는 서울에서 출발해 호남고속도로를 타고 광주 들렀다 가는 길에 대부분 담양을 갔다. 광주 시내를 통과하기 싫을 때는 백양사나들목에서 고속도로를 나와 담양으로 가곤 했다. 장성군과 담양군의 경계에 수북면이 있다. 수북면에는 대통밥, 떡갈비 파는 식당도 있지만, 외지인에게는 숨어 있는 것처럼 보이는 추어탕집이 여럿 있다. 남원의 추어탕 골목처럼 모여 있지 않고 차를 몰고 가다 보면 한 집 나타나고, 몇 분 있다가 한 집이 모습을 드러낸다. 성복식당은 15년 전 담양 출장길에 처음 가본 곳이다. 구수한 국물과 우거지 맛이 괜찮았는데, 특히 기억에 남았던 이유는 같이 딸려 나오는 갈치속젓 때문이었다. 추어탕에 넣어 먹지 않고 밥과 함께 먹는 반찬이다. 밥 한 공기의 반은 추어탕과, 나머지 반은 갈치속젓과 먹을 만큼 맛있다. 위가 작은 사람은 한 공기지만 갈치속젓 맛 때문에 밥을 추가 주문하는 사람도 꽤 있을 정도다.

성복식당

담양의 메인 관광지는 읍내다. 죽녹원, 국수거리, 메타세쿼이아길, 이름난 고깃집이 모두 다 읍내에 있다. 나무 사이를 걷고, 대나무에 한 밥과 숯불에 구운 고기만이 담양의 맛과 멋이 아니다. 읍내에서 10~20분 거리에 맛있는 곳이나 멋있는 곳들이 많다. 읍내만 보고 오기에는 아까운 곳이 담양이다.

상점 정보

- 담양한과 **주소** 전라남도 담양군 창평면 창평현로 714-22 **전화** 061-383-8283
- 원조창평시장국밥 **주소** 전라남도 담양군 창평면 의병로 131 **전화** 061-383-4424
- 고서회관 **주소** 전라남도 담양군 고서면 원등1길 16-7 **전화** 070-8200-1489
- 성복식당 **주소** 전라남도 담양군 수북면 추성1로 694 **전화** 061-383-3362

전라남도 함평

가을

몰라보게 달라진 시장, 몰라봤던 낙지의 맛

비빔밥 먹으러 갔다가 봤던 함평 시장은 을씨년스런 풍경이었다. 전라도를 수없이 다녀도 함평에 간 적은 몇 번 없었다. 2000년대 초반에 새로 출시하는 복분자주 보러 갔었고, 양파 때문에 한 번, 해보면에 식당 오픈한 지인을 보러 간 정도. 간 적은 드물지만 지나친 건 수백 번이다. 광주에서 2번 국도를 타고 나주, 함평, 무안, 목포 순으로 많이 다녔다. 나주에서는 세지면의 토하젓을 보고 무안에서는 양파 음료와 유기농 고구마, 배추를 보러 가면서도 함평의 특산물은 항상 물음표였다. 알고보면 전라도의 여느 지역 못지않게 품질 좋은 농수산물이 나고 있음에도 이상하리만큼 덜 알려져 있었다. 위로 영광, 아래와 옆으로 무안과 나주를 마주하는 지리적 위치 때문이 아닐까 싶었다. 그런 까닭에 식품 MD가 직업임에도 크게 관심을 가지지 않았다. 5년 만에 무안의 곱창김 수확을 볼 겸 함평을 찾았다. 십 년이면

◀ 옛 오일장 모습

◀ 장 보고 가는 할아버지

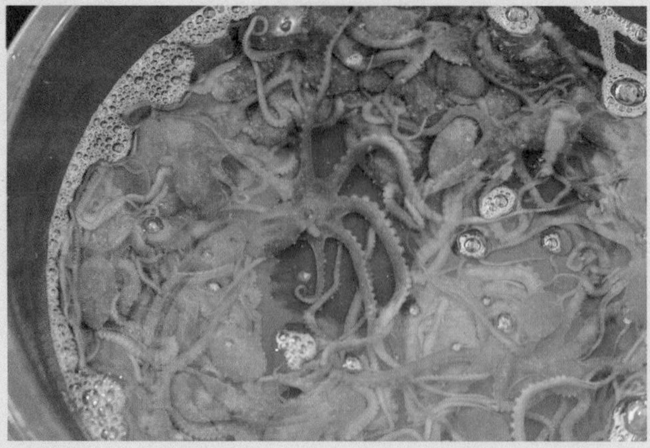

낙지

함평천지전통시장

강산이 변한다고 하는데 5년 사이 시장은 몰라보게 달라져 있었다. 함석판으로 만든 간이 점포만 있던 시장은 현대식 아케이드로 변모해 있었다. 붐비는 사람이며 시장은 활력이 넘쳤다. 상설 점포는 오일장이 서지 않더라도 문을 연다. 시장 주변으로 오래된 육회비빔밥 식당 몇 곳이 자리를 잡고 있기에 사람들이 제법 주변으로 모인다.

함평오일장은 2, 7일 든 날에 열린다. 상설 점포를 사이에 두고 길게 좌판이 들어선다. 좌판의 구성은 어느 지역이나 비슷하다. 다만 바다를 품고 있으면 비린 것이 다른 지역보다 많다. 함평오일장은 낙지가 많았다. 낙지 하면 무안, 목포를 많이들 생각한다. 사실 펄이 있는 바다라면 어디든 맛좋은 낙지가 난다. 함평에는 무안 해제면을 마주 보는 함평만이 있다. 다른 시군처럼 큰 항구는 없어도 넓은 펄이 있기에 맛있는 낙지가 많이 잡힌다. 목포 낙지가 유명해도 목포 주변의 시군에서 올라오는 낙지가 있어야 가능한 일. 함평에서 잡은 낙지가 목포로 가면 목포 낙지가 된다.

낙지 하면 세발낙지가 최고라고들 하지만 그건 하나만 알고 둘은 모르고 하는 말. 앞에 용도를 붙여야 비로소 맞는 말이 된다. '회'로 먹을 때는 세발낙지가 최고이고 연포탕이나 볶음에는 큰 낙지가 더 낫다. 낙지볶음 할 생각으로 낙지 몇 마리를 샀다. 낙지 요리를 할 때 일반적으로는 식당에서 사 먹듯이 갖은 채소를 같이 준비하지만 나는 따로 준비하지 않는다. 있으면 챙겨 넣지만 채소 살 돈으로 낙지를 한 마리 더 산다. 식당이야 원가를 줄이고 양을 늘려야 하지만 낙지볶음은 낙지 양이 많을수록 맛있다. 낙지를 준비하고는 기름 두른 프라이팬에 양념만 먼저 볶는다. 다음으로 전분 푼 물을 넣고 농도를 조절하면서 끓인다. 한소끔 끓이고 바로 불을 끈 다음, 양념이 품은 열로 낙지를 볶는다. 이렇게 볶으면 겉은 쫄깃하고 속은 촉촉한 진정한 낙지볶음이 된다. 오징어나 낙지로 음식 만들 때는 열 접촉을 최소로 해야 질겨지지 않는다.

11월 마지막 주의 함평오일장의 주인공은 젓새우였다. 김장철이기에 찾는 이들과 파는 이 모두 많았다. 젓새우는 신안에서 온 것들이다. 우리나라 젓새우 대부분을 신안과 목포 어판장에서 공급한다. 물론 가을이면 강화도도 큰 몫을 한다. 젓새우는 선도가 좋을 때는 튀김을 하거나 찌개 끓일 때 넣으면 맛있다. 젓새우 옆에 파는 민물새우도 같이 넣고 끓이면, 찌개뿐 아니라 라면만 끓여도 인생 찌개나 라면이 된다.

시장은 계절에 따라 주인공을 달리한다. 시즌 1의 봄, 시즌 2의 여름 등 계절이 바뀔 때마다 주인공이 바뀐다. 물론 조연도 바뀐다. 젓새우 찾는 이들이 그다음으로 많이 찾는 게 미나리와 같은 집안의 당근이다. 찬 바람이 불어야 제맛이 드는 것들이다. 집에서 고기 구울 때 자른 미나리와 함께 구워 먹으면 따로 쌈 채소가 필요 없다. 사실 겨울 쌈 채소는 맛이나 향이 약하다. 게다가 가격도 비싸다. 늘 먹는 것을 찾으면 제철 식재료는 그냥 지나간다. 고기 먹을 때 먹는 채소를 상추에서 미나리로 바꾸면 바로 그것이 제철 음식을 즐기는 방법이다.

젓새우

시장 구경을 끝내면 카메라 한 대만 달랑 들고 시장 주변을 돌아다닌다. 혹시나 하는 마음으로 말이다. 인터넷에서 미리 정보를 알고 온다 해도 걸어 다니다 보면 얻어걸리는 식당이 있다. 시장을 나와 군청으로 방향을 잡았다. 육회비빔밥으로 첫 끼를 먹을 생각이었다가 카페에 자리 잡고 앉아 단팥빵과 커피를 주문했다. 멀리서 본 간판에서는 '단팥' '1960' 두 단어가 검은색 바탕에 쓰여 있었다. 둘의 관계가 갑자기 궁금했거니와 단팥빵을 무척 좋아하기에 방앗간을 지나치지 못하는 참새가 되어 들어갔다. 카페는 단팥빵 전문으로 몇 가지 빵과 쿠키를 만드는 곳이다. 단팥빵과 1960은 아무 관련이 없다고 한다. 은퇴한 부부가 귀향해서 빵을 굽는다고만 하는데 부부의 탄생 연도가 아닐까 추측만 했다. 확실한 것은 함평군에서 생산하는 단팥만 사용

단팥1960

해서 팥소가 상당히 맛있었다. 국내산 팥을 사용하는 곳들이 많지만 공장에서 나오는 팥소에는 타피오카 전분이 많이 들어있어 팥 고유의 맛이 안 난다. 여기 단팥빵은 공장에서 만들어낸 진득한 단팥하고는 다른 식감이다. 오랜만에 맛있는 단팥빵을 맛봤다.

처음으로 함평에서 육회 비빔밥을 먹은 것이 2007년 무렵이었다. 참 맛있게 먹었던 기억만 있을 뿐 식당 이름이나 위치는 모른다. 지금이야 사진을 찍고 SNS에 올리면서 저장과 기억을 동시에 하지만 그때는 그렇지 않았다. 몇 년이 지나 다시 함평에서 육회비빔밥을 먹으려고 했지만 식당을 찾지 못해 고민하다가 군청 앞으로 갔다. 지역에서 정보가 없을 때는 군청, 경찰서, 농협 주변 식당으로 간다. 모르고 들어가도 기본은 하는 곳들이 많기 때문이다. 무작정 찾아간 군청 앞에 남매식당이라는 육회비빔밥집이 있었다. 점심이 지난 때라 사람이 없겠지 생각했는데 의외로 사람이 많았다. 식탁 한 자리를 차지하고 나니 육회비빔밥과 반찬 그리고 맑은 선짓국이 나왔다. 함평의 육회비빔밥은 육회 양도 많아 좋지만, 실제로 비빔밥을 맛있게 하는 요소는 맑은 선짓국과 묵은지가 아닐까 생각한다. 맑게 끓여 낸 선지는 방금 씹어 넘긴 매콤한 비빔밥의 맛을 깔끔하게 지운다. 제법 짭조름한 묵은지는 얼른 밥을 입에 넣으라 재촉한다. 매콤한 비빔밥은 담백한 선짓국을 찾는다. 이렇게 몇 수 돌면 비빔밥은 바닥을 드러낸다. 어느 지역에서도 보지 못했던 맛이다.

함평에서 먹은 비빔밥이 몇 그릇 안 되지만 13년의 시간 사이 맛이 변했다. 예전 기억에는 비빔밥 위에 조미김 가루가 아주 조금 올라갔다. 깨는 진짜 아끼듯 솔솔 뿌리는 정도였다. 시간이 지나면서 조미김 가루 듬뿍, 깨는 왕창 뿌려졌다. 조미김에 들어가는 향이 강한 기름 맛이 비빔밥 향의 균형을 깨버린다. 인도, 아프리카 참깨를 수입하면서 낮아진 참깨 가격에, 살짝 으깨서 넣어야 제맛인 것을 통으로 뿌려버린다. 비빔밥 주문할 때 깨는 뿌리지 말라고 한다. 조미김은 대충 젓가락으로 걷어 낼 수 있지만 깨는 걷어 낼 방법이 없다. 조미김과 깨를 걷어내야 비로소 육회와 고추장과 채소의 맛을 제대로 볼 수 있다. 조미김이나 깨의 방해 없이 말이다.

시장에서는 손불 낙지가 최고라고 이야기하는데 함평군 안에서 최고는 맞다. 사실 1읍 8면인 함평군에서 바다와 접한 곳은 함평읍과

남매식당

신흥상회

손불뿐. 함평에서 낙지가 많이 나는 곳이 손불이니 최고가 맞다.

함평 읍내에서 돌머리해수욕장 방향으로 가면 주포가 나온다. 넓은 펄에서 나는 조개며, 낙지로 음식을 내는 곳들이 제법 있다. 지역 음식점 중에서 슈퍼와 식당을 같이 하는 곳이 있다. 슈퍼가 먼저인지 식당이 먼저인지는 모르겠지만 대부분 이런 곳의 음식은 맛있다. 주포 해변 근처의 신흥상회는 탕탕이, 볶음, 연포탕 등 낙지 음식이 전문이다.

신흥 상회에서 볶음과 초회 중에서 초회를 주문했다. 살짝 데친 낙지를 새콤하게 무친 맛이 제법 이상이었다. 낙지가 많이 나는 동네답게 낙지 양도 많았다. 보통은 볶음을 시키든 초회를 시키든 섭섭한 낙지 양에 채소 더미를 뒤지곤 하는데 여기는 굳이 그럴 필요가 없었다.

상점 정보

- 단팥1960 **주소** 전라남도 함평군 함평읍 영수길 207 **전화** 010-4343-1996
- 남매식당 **주소** 전라남도 함평군 함평읍 중앙길 187-16 **전화** 061-322-2430
- 신흥상회 **주소** 전라남도 함평군 손불면 석산로 68 **전화** 061-322-9431

전라남도 영광

가을

영광 하면 굴비 아니죠, 영광 하면 순댓국

굴비 하면 전라남도 영광이고, 영광하면 굴비다. 하지만 굴비 못지 않게 맛난 것 많은 곳 또한 영광이다. 보리굴비로 불리는 것은, 사실은 부세 말린 것이다. 참조기를 말린 굴비보다 더 인기다. 2000년에 영광을 처음 찾았던 것도 굴비 때문이었다. 그 이후로도 매해 많으면 세 번, 적으면 한 번 정도 굴비 찾아 영광에 갔다.

조기가 칠산바다를 지날 즈음의 봄이면 잡아 소금을 치고 해풍에 말렸다. 말리는 작업이 얼추 끝나면 조기 파시와 봄도 끝났다. 여름의 시작과 함께 겉보리를 수확했다. 애써 말려 만든 굴비는 고온다습한 여름 날씨에 쉬이 곰팡이가 끼었다. 겉보리는 냉장창고가 흔하지 않던 시절, 훌륭한 습기 방지제였다. 말린 굴비를 겉보리에 보관하던 조상들의 지혜는 1980년대 냉장고 보급과 함께 사라졌다. 2000년대 초, 영광에서 보리굴비는 찾아보기도 힘들었고, 이름도 보리굴비보다는

◀ 부세 말리는 풍경

◀ 큰 녀석은 부세고 아래의 작은 녀석이 참조기를 말린 것이다.
참조기 살은 부세 반만큼 적은데 가격은 두 배이다.

마른 굴비로 불렀다.

조기 말린 것이 굴비다. 부세를 말리면 말린 부세여야 하나 근래에 보리굴비라는 이름으로 판매한다. 말린 부세는 전량 중국에서 수입한 양식 부세로 만든다. 지역 특산수산물이지만 재료의 원산지가 수입인 경우가 꽤 있다. 대표적으로 강원도 인제의 황태는 러시아산이고, 포항의 꽁치 과메기는 대만산이다. 이렇게 커다란 부세 한 마리가 다양한 반찬과 함께 점심 특선 보리굴비정식으로 곳곳에서 팔린다. 보리굴비는 참조기 말린 것보다 가격도 좋거니와 살이 많아 선물용으로도 인기다.

찬 바람 불기 시작하는 11월부터 부세 말리는 작업이 한창이다. 차가운 해풍에 석 달 정도 말려야 비로소 말린 부세가 된다. 소금으로 간하고는 부세의 내장을 빼지 않고 말린다. 날이 따듯하면 쉬이 찌든 내가 나기에 겨울 초입에 말리기 시작한다. 반면에 굴비는 사시사철 겨우 반나절 정도 물기만 뺀다. 수분 잠깐 털어낸 조기로, 사실 탈수조기에 가깝다. 냉동고에 보관 판매하는 굴비를 예전에는 수분 함량 15%까지 말렸다. 지금은 석 달 말리는 부세가 오히려 옛날 굴비 만드는 방식과 같다. 사실 굴비가 탈수조기가 된 사연이 있다.

굴비 본연의 맛은 조기에 소금과 시간을 더해 만드는 숙성의 맛이다. 참고기가 바다에서 사라지니 굴비가 비싸졌다. 비싼 식품이라 자가소비보다는 명절 선물용으로 주로 팔렸다. 맛보다는 크기와 무게만 중시하고, 원래 굴비의 장점인 '숙성의 맛' 따위는 무시했다. 오래 말리면 수분이 빠지면서 무게와 크기가 줄기에 더는 예전처럼 길게 말리거나 겉보리에 보관하지 않았다. 굴비를 보리에 보관했던 지혜는 사라지고 굴비 포장에 보리 알갱이가 장식품처럼 돌아다니는 허세만 남았다.

영광은 보리 특구다. 수확한 보리로 빵, 국수, 면을 만든다. 물론 보리밥집도 꽤 있거니와 보리로 술 만드는 곳도 있다. 보리는 밥하기 까다로운 곡식으로 알고 있다. 다 옛날 지식이다. 예전 보리는 잘 익지 않기에 밥하기가 쉽지 않았다. 밥하기 편하게 보리를 먼저 찌고 난 후 자르고(할맥), 눌러(압맥) 팔았다. 지금은 그런 보리를 잘 팔지 않는다. 밥 짓기 편하도록 개량했기 때문이다. 지금은 쌀과 함께 밥하면 된다. 영광에서 나는 보리는 몇 가지 품종이 있다. 강호청, 자수정, 누리찰이 대표 보리다. 강호청은 푸른빛을, 자수정은 붉은빛을 그리고 흑찰은 검은빛을 띠는 보리다. 보리 특유의 톡톡 터지는 질감이 맛있다.

보리 가공품 중에서 간식거리로는 보리빵과 찰보리찜떡이 있다. 보리빵 파는 곳은 많지만 찜떡은 영광에만 있다. 빵과 떡의 중간 정도의 식감이다. 찰보릿가루, 모싯잎 가루를 막걸리로 반죽했다. 반죽할 때 달걀을 넣어 카스텔라의 풍미가 난다고 하는데 고급 버전의 술빵이다. 보리의 구수한 향이 좋아 간식으로도 좋지만 식사 대용으로 더 좋다. 보리올에서 만날 수 있다.

영광은 시장 이야기 할 게 별로 없다. 상설 시장과 오일장도 명맥만 겨우 유지하고 있다. 고추특화시장에서 열리던 오일장을 버스터미

보리올

보리가 황금빛으로 물든다는 것은 여름이 다 왔다는 신호다.

널 옆 상설 시장으로 옮겨 두 개로 나뉜 후부터 시나브로 장의 열기가 사라졌다고 한다. 2, 7일이 든 날 두 군데 장이 서지만 파는 이, 사는 이 모두 다른 지역의 장터보다 적다.

영광 읍내에서 차로 15분 거리에 횟감과 젓갈, 반찬거리를 파는 설도항어시장이 있다. 규모는 작지만 호젓한 바닷가를 바라보며 간단하게 식사도 할 수 있거니와 높이 111m의 칠산타워가 있어 식사 후 바다와 낙조 구경할 수 있다. 큰 바구니와 수조에 있는 싱싱한 횟감보다는 바구니에 대하와 섞여 있는 보리새우에 눈이 갔다. 만물에 단맛이 깃드는 가을날, 대하 찜쪄먹는 보리새우에 눈이 가는 것은 당연지사. 쏠리는 내 눈길을 눈치챘는지 홍정이 들어왔다. "산 건 1kg 7만 원, 죽은 건 3만 5천 원". 양식한 흰다리새우 1kg이 2~3만 원인 것과 비교해 비싸지 않았다. 이때를 놓치면 다음 제철은 내년이기에 보리새우를 먹기로 했다. 물론 구이 할 생각이라서 죽은 것을 선택했다. 잠시 후 붉은빛을 띠는 새우가 나왔다. 살아 있을 때 무늬는 달라도 익으니 붉은빛 띠는 것은 대하나 흰다리새우와 같았다. 아미노산 중에서 단맛이 나는 글리신(Glycine)의 함량이 가을날 가장 높아진다고 한다. 새우 살 씹을 때마다 나는 은은한 단맛이 사람을 홀렸다. 저거 언제 다 먹지 했던 걸 잊어버리고 열댓 마리를 순삭했다.

관광객이 영광에서 많이 먹는 음식이 굴비정식이다. 잘 구운 굴비, 말린 부세 찐 것 등 한 상 가득 차린 찬이 매력적이다. 법성포는 굴비 상점 건너 건너에 굴비정식 파는 곳이 있을 정도로 식당이 많다. 매년 가는 영광이기에 굴비정식은 처음 갔을 때 빼고는 먹지 않았다. 오히려 고창이나 함평으로 가서 다른 메뉴를 먹었다. 가끔 하는 식사는 굴비보다는 철에 맞는 생선찜을 먹었다. 육지는 가을이었지만 바다는 늦여름과 가을 사이였기에 병어찜을 선택했다. 꾸덕꾸덕 말린 장어찜도 유혹했지만 병어의 보드라운 살 맛의 유혹이 더 강했다. 드림정은 동네 사람들 가는 식당이라 깔리는 찬은 여느 백반집과 비슷했다. 다만 가운데 놓인 병어찜의 자태가 예사롭지 않았다. 찬은 대충이지만 병어찜만큼은 제대로였다. 실한 병어가 넉넉히 들어 있었다. 병어찜이 맛있으니 수저는 밥과 병어찜 사이만 오갔다. 차린 반찬이 과하게 느껴질 정도였다. 맛있는 밥을 먹고 나면 흔히 하는 혼잣말, "잘 먹었다"가 나오는 곳이다.

드림정

영광버스터미널 옆에 보면 순댓국 타운이 있다. 예전에 장사 잘될 때는 수십 곳이 영업했다고 하는데 지금은 열 한 집만 영업하고 있다. 순댓국 전문 식당이지만 순댓국만 파는 곳은 아니다. 회도 팔고, 가오리찜도 파는 선술집 메뉴 구성이다. 메뉴 구성을 보고 그냥 동네 순댓국집들인가 싶어 나갈까 했지만 아침치고는 많은 사람이 먹는 순댓국 맛이 궁금했거니와 새벽에 출발한 지라 허기진 속도 채우고 싶었다. '영진이네'라는 집을 골라 들어가 머릿고기국밥을 주문했다. 먼저 뚜껑 열어 밥을 봤다. 아무리 국이 맛있어도 밥이 별로면 만족도는 떨어진다. 윤기가 살아 있는 밥을 보니 일단은 안심이 됐다. 지금까지 경험으로 밥이 좋은 곳은 국도 훌륭했다. 팔팔 끓이지 않고 적당한 온도로 나온 뚝배기 모양새가 마음에 들었다. 국물을 맛보자 마음에 쏙 들었고, 머릿고기까지 먹자 흠뻑 빠져버렸다. 지금까지 전국을 다니면서 먹었던 순댓국집 중에서 가장 맛있었다. 영광에서 순댓국 먹기 전까지 가장 좋아했던 곳은 광주 양동시장 국밥이었다. 첫 수저에 내 마음속 순위가 바뀌었다. 고기는 고소하고 국물은 깔끔했다. 20년 가까이 영광을 다니면서 여기를 모르고 다녔다는 게 억울했다. 식사하고 법성포의 지인을 만나 이야기하니 "몰랐어요? 우리도 순댓국 먹으러 그리로 가는데" 하더라. 20년 동안 미웠던 적이 없던 사람이지만은 그날은 미웠다.

2000년대 초반까지 영광에서 모싯잎송편을 먹은 기억이 없다. 2007~2008년 즈음 인근의 지인이 알려줘서 그런 떡이 있음을 알았다. 2010년이 되고 시간이 흐르니 모싯잎송편은 굴비 다음가는 영광의 대표 먹거리가 되었다. 누군가 모싯잎으로 개떡을 만들었고, 이어서 큼직한 송편까지 만들었다. 영광매일시장 주차장 인근에 있는 송현떡집이 영광 모싯잎송편의 시작점이다. 영광 지역신문의 기사도 있거니와 영광에 사는 지인도 어릴 때부터 그 집에서 송편을 사 와 먹었다고 한다.

한입에 쏙 넣기 좋은 일반 송편과 달리 모싯잎송편은 큼지막하다. 깨로 만든 것도 있지만 동부 콩이 들어간 것이 더 맛있다. 구수한 모싯잎과 고소한 동부의 궁합이 제법 괜찮다. 모싯잎 송편은 주로 영광에서 생산한 모싯잎, 쌀, 동부를 쓴다. 모자란 동부는 일부 수입한 것으로 대체하기도 한다. 떡집이야 동네마다 있지만 동네를 대표하는 떡을 가진 곳은 많지 않다. 원조 집이 아니더라도, 법성포의 큰 떡집들이 아니더라도 아침에 시장에 가면 막 나온 송편이 있다. 다섯 개 2천 원에 한 봉지 사서 한 개를 입에 넣으면 떡 크기만큼 눈도 커진다. 맛있다. 집에 두고 먹을 생각이면 막 해서 나온 것보다는 냉동한 것을 사야 한다. 급랭한 떡을 해동하면 막 나온 떡 같지는 않더라도 집에서 냉동한 것보다는 훨씬 식감이 살아 있다.

"볼 것 없는디, 예전 같지도 않고" 영광으로 오일장 취재 간다고 하니 지인이 바로 내뱉은 말이다. 그래도 군 단위 오일장은 기본은 하는지라 내려갔다. 지인의 말 그대로 볼 것이 별로 없었다. 시장이 나뉘었다는 이유보다는 도로가 발달하면서 인접한 광주 오가기가 수월한

영진이네, 송현떡집

탓이 아닐까 싶다. 볼 거 없지만 아침나절 맛있는 떡이 나오는 시장이 있고, 그 옆에는 맛있는 순댓국 가게가 여럿 있고, 십여 분 차를 몰고 가면 맛있는 수산물을 저렴하게 먹을 수 있다. 영광 간다고 꼭 굴비정식 먹을 필요는 없다. 굴비 말고도 먹을 게 많은 곳이 영광이다.

상점 정보

- 보리올 **주소** 전라남도 영광군 영광읍 옥당로 179 1층 **전화** 061-351-5250
- 드림정 **주소** 전라남도 영광군 법성면 굴비로 49 **전화** 061-356-2504
- 영진이네 **주소** 전라남도 영광군 영광읍 신남로3길 6 **전화** 061-352-1664
- 송현떡집 **주소** 전라남도 영광군 영광읍 중앙로2길 61-2 **전화** 061-351-5111

전라남도 장흥

겨울

풀 먹인 소 아세요?
참으로 맛이 다른 소입니다

장흥에서 가장 맛있는 소를 키우는 풀로만 목장

정확히 1년 만에 전라남도 장흥행이다. 코로나가 시작되기 전 완도오일장 취재하러 가면서 장흥에 잠시 들렀다. 파일럿으로 제작하는 음식 프로그램에 자문을 맡아 식재료를 소개하기 위해서였다. 장흥에서 나는 것 중에서 오직 장흥에만 있는 것이 있는데 바로 소고기다. 한우는 누렁 한우든, 검정 무늬가 있는 칡소든 전국 어디서든 생산한다. "근데 장흥에만? 소고기?" 하는 의구심이 저절로 든다. 장흥에만 있는 소고기는 곡물 사료를 먹이지 않고 오로지 풀만 먹이면서 사육한 한우다. 뭐 그게 별거인가 싶지만, 막상 소고기를 먹어보면 별거 이상이다. 옥수수 등 곡물 사료를 먹지도 않거니와 운동장도 따로 있어 근육 내에 기름이 낄 틈이 없다. 마블링은 거의 없지만 소고기는 질기지 않다. 풀로만목장에서 만난 장흥 소고기는 마블링만 예쁜 소고기와는 전혀 다른 맛이 난다. 고기를 씹으면 고기가 덩어리로, 더 작은 알갱이로 부서지면서 품고 있던 육즙을 윤활유처럼 내준다. '고기는 씹어야 맛'이란 속담에 딱 맞는 고기다.

장날 전날 서울서 출발했다. 장흥의 서쪽은 강진, 해남이다. 동쪽으로는 보성, 바다 건너는 고흥이다. 강진과 붙어 있는 서쪽 바다면은 수심이 얕아 지주식 양식법이 발달했다. 1월은 매생이, 김, 굴 수확철이기에 구경도 할 겸 미리 내려갔다. 장흥 대덕읍에 매생이로 유명한 내저 마을에 아침 9시 정도 물때 맞춰 도착했다. 날씨는 기가 막히게 좋았다. 바다에 나무 기둥을 박고 그사이에 대나무 발을 걸쳐 놓았다. 10월 즈음 대나무 발을 얕은 바다에 갖다 놓으면 절로 매생이 포자가 달라붙는다고 한다. 매생이 포자가 달라붙은 발을 조금 바깥쪽에 설치한 지주에 옮기고 기다리면 매생이가 절로 자란다. 장흥 매생이는 생산성이 다른 지역보다 떨어진다. 지주식으로 하는 모든 수산물이 그렇듯 물이 빠지면 성장을 멈추기 때문이다. 대신 식감이 부드러우면서도 차지다. 그래서 상품(上品) 중의 상품으로 대접 받는다.

장흥은 키조개 관자, 표고버섯, 소고기를 같이 먹는 삼합이 유명하다. 전국적 명물이 된 장흥 토요시장 근처에는 한 집 건너 한 집 있을 정도로 식당이 몰려 있다. 전라남도 여수와 장흥 그리고 충청남도 오천 세 곳이 키조개 주산지다. 유독 장흥에서 삼합이 유행한 까닭은 오래전부터 장흥에서 표고버섯 재배를 해왔기 때문이다. 표고버섯 재배에는 두 가지 방법이 있다. 큰 시설을 세워 실내에서 배지로 키우는 방법과 산이나 하우스에 원목을 두고 균을 접종해 양식하는 것이

장흥 내저마을 전경. 매생이 채취 작업이 한창이었다.

다. 장흥은 배지 재배보다는 원목 표고버섯 재배가 많아 향이나 식감이 좋은 편이다. 키조개 관자의 쫄깃한 맛과 아주 잘 어울린다. 게다가 소기름의 맛까지 더해지니 맛없으면 간첩이다.

이런 삼합도 사실 제철이 있다. 봄, 가을이 좋다. 그중에서도 벚꽃이 질 무렵에서 6월까지가 특히 좋다. 표고가 제철이기 때문이다. 배지에서 재배하는 것은 딱히 제철이 없지만 원목 재배 버섯은 봄과 가을에 수확한다. 그중에서 질 좋은 버섯은 봄에 많이 난다. 키조개 또한 7~8월 산란을 앞두고 영양분을 축적하는 시기인지라 맛이 좋다. 한우도 매한가지다. 추운 겨울은 가축에게도 힘든 시기. 사료가 전부 살로 가지 않는다. 봄이 오면 체온 유지에 쓰던 에너지가 살로 간다. 다시 말하지만 꽃이 지는 시기가 삼합 맛이 피는 제철이다. 아니면 단풍이 화려하게 피어날 때이거나 둘 중 하나다. 그래도 봄이 먼저다.

한겨울 장흥에 왔으면 매생잇국 한 그릇 해야 한다. 앞서 이야기한 것처럼 장흥 매생이는 차지면서 부드럽다. 부유물에 매생이 발을 띄워서 키우는 방식은 생산성은 좋아도 매생이 특유의 향과 맛이 떨어진다. 대신 생산성이 좋으니 가격이 저렴하다. 매생이는 자주 먹는 음식이 아니기에 기왕지사 제대로 맛이 나는 것이 좋지 않을까 싶다.

끄니걱정에서 매생잇국을 만났다. 자고로 매생잇국 먹을 때는 천천히 먹어야 한다. 방금 막 끓였어도 뜨거운 김을 품고만 있지 토해내지 않는다. 지금이야 널리 알려졌지만 옛날에 매생잇국을 모를 때는 입천장을 홀라당 데는 경우가 많았다. 김이 나지 않으니 식은 줄 알

끄니걱정

고 들이켰다가 빈번하게 사고 아닌 사고가 났다. 나는 매생잇국을 대하면 숟가락은 잠시 내려 놓는다. 젓가락을 들고 떡과 매생이를 먹는다. 그래야 입천장 데는 참사도 막거니와 매생이의 맛을 오롯이 음미할 수 있다. 우물가에서 이파리 띄워 급체를 막는 것처럼 몇 번 그렇게 먹다 보면 숟가락으로 먹어도 될 온도가 된다. 얼큰한 고추가 들어가 있는 매생이 전과 함께하면 막걸리 한잔 절로 생각난다. 운전만 아니었다면 이 식당에 자리 잡을 뻔했다.

일출과 일몰 풍경이 아름다운 소등섬을 품고 있는 장흥 내포마을. 소등섬 주변 갯벌에 마을 사람들이 오래전에 돌을 던져 놓았다. 던져 놓은 돌에 굴이 달라붙어 성장한다. 갯벌을 찬찬히 보면 논둑, 밭둑처럼 돌로 둑을 쌓아 경계를 그었다. 육지의 밭처럼 관리와 수확에 대한 소유가 정해진 갯밭이다. 매해 겨울이 오면 수확한 것을 시장에 내다 팔거나 마을에 있는 두서너 곳의 식당에서 판다. 찾은 곳은 남포석화 1번지. 앞서 설명한 투석식 굴은 모양새가 일정치 않다. 껍질이 있는 각굴이라 하더라도 몇 개의 굴이 다닥다닥 붙어 있다. 수심이 깊은 바다에서 가리비 껍데기에 양식하는 수하식이나 각각의 굴을 따로 키우는 삼배체굴은 모양이 깔끔하다. 투석식은 자연 상태에서 굴의 유생이 돌에 붙고, 이미 큰 굴껍데기에도 붙는다. 투석식 굴은 크고 작은 굴 여러 개가 붙어 있는 모양새다. 그래서 보물찾기하는 재미가 있다.

각굴을 불 위에 올려놓으면 먼저 익는 곳부터 물이 나온다. 불에 먼저 닿거나 작은 굴이다. 그 부분부터 칼로 껍질을 살살 달래면 바로 속살을 내준다. 덜 익은 것은 껍질이 쉬이 열리지 않는다. 억지로 열면 굴 껍데기가 살에 달라붙어 버려야 한다. 그럴 때는 다시 불 위에 올려놓으면 잠시 후 긴 숨을 토해내듯 뜨거운 김과 물을 살짝 뿜는다. 그때 바로 칼을 들면 불맛 살짝 나는 굴구이 맛을 제대로 즐길 수 있다. 타이밍을 놓치면 짜고, 향은 두어 발자국 달아나 있다. 타이밍이 딱 맞아떨어지면 껍데기가 부드럽게 떨어지고는 뽀얀 속살을 내준다. 고기 구운 판에는 볶음밥이 제격이듯 굴이 있는 곳에는 면이 제격이다. 떡국도 있지만 굴 넣고 끓인 얼큰한 라면 한 그릇으로 마무리하면 세상 부러울 것이 없다.

장흥 지도를 보면 남북으로 긴 형태다. 긴 해안선을 따라 다니다 보면 아름다운 해안 길이 곳곳에 있다. 그중에서 내가 좋아하는 길은

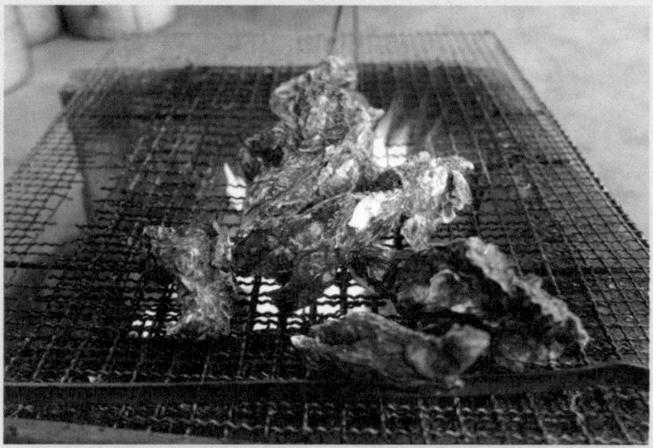

남포석화1번지

장재도에서 연륙교 건너, 수문항을 지나 보성 율포까지 이어지는 길이다. 장흥의 서쪽 강진군 마량에서 동쪽 안양면까지 해안도로를 다니다가 읍내에 숙소를 잡았다. 읍내를 어슬렁어슬렁 다녔다. 식당에 대한 사전 정보는 없다. 다만 식재료 제철 정보는 있기에 제철 식재료만 보곤 식당을 결정한다. 망하는 경우가 많지만 아닐 때도 있다. 복불복이다. 식당을 다니다가 두어 곳에서 혼자라는 이유로 퇴짜를 맞았다. 혼자 여행이 불편해지는 순간이다. 군청 소재지에서 버스터미널까지 골목골목 돌아다녔다. 흩날리는 눈발 사이로 아귀불고기가 날아와 눈동자에 꽂혔다. 복불고기는 마산에서 참 맛나게 먹은 메뉴인데 아귀불고기는 어떤 형태로 나올지 궁금했다. 계절은 겨울이니 웬만한 생선은 다 맛있을 때라 감을 믿고 결정했다. '다복찜전문점'이라는

다복찜전문점

이름의 가게 문을 열고 들어서니 “몇 분이요?” “혼자인데요” “혼자요!?” “네 아귀 불고기 작은 거 주세요”하고 쭈뼛쭈뼛 서 있으니 “혼자 여행 오셨소? 거 앉으소” 한다. 아귀 불고기는 찜과 달리 전분기가 없는 모습이다. 아귀를 물 넣고 익히다가 나중에 채소와 양념장을 넣고 마무리로 볶아낸 음식이다. 불고기보다는 볶음이 어울리지 않나 싶다. 매콤한 맛이 꽤 좋았다. 장흥에서만 200km 운전하고 다닌 피곤함을 매콤함이 밀어냈다. 그 자리에 식욕이 자기 자리를 찾았다. 매콤한 아귀 불고기를 먹고 나오면 바로 앞에 핸드드립 커피전문점 ‘물고기들의숲’이 있다. 텀블러가 없으면 천 원을 더 받는 곳이다. 커피 맛이 좋다.

장흥편에는 오일장 이야기가 없다. 평소에 오지 않던 눈 덕분이다. 그 덕에 다시 갈 핑계가 생겼다. 여행 끝에 남는 핑계는 또 다른 여행의 시작이 된다. 그래서 우리는 매번 이유를 대고 어디론가 떠난다.

상점 정보

- 풀로만목장 **주소** 전라남도 장흥군 대덕읍 월정2길 28-25 **전화** 010-4493-4507
- 끄니걱정 **주소** 전라남도 장흥군 장흥읍 토요시장2길 3-12 **전화** 061-862-5678
- 남포석화1번지 **주소** 전라남도 장흥군 용산면 남포길 35-1 **전화** 061-863-6586
- 다복찜전문점 **주소** 전라남도 장흥군 장흥읍 동교1길 46-1 **전화** 061-863-0015

전라남도 고흥

겨울

전국에서 가장 예쁜 해안도로가 이어지는 곳

명절 직후, 장은 서지 않는다. 가는 날이 장날이었다.

따듯한 남쪽 오일장 중에서 고흥을 골랐다. 20년 동안 고흥은 열댓 번 정도 간 듯싶다. 초반에는 유자 때문에, 중간에는 석류 때문에 갔다. 여행이 아닌 출장이라 고흥읍과 유자공원만 보고는 대부분 다른 업무를 보러 보성으로 해남으로 갔다. 바쁘게 움직여야 하기에 기억 속의 고흥에는 12월과 유자밖에 없었다. 5년 전에 여행 작가와 고흥을 동행 취재하며 그 매력에 푹 빠졌다. 출장으로 치고 빠지는 것이 아니라 1박 2일 오롯이 고흥의 구석구석을 다녔다. 벌교와 고흥 초입에서 직진하면 녹동항이 나온다. 일정상 바쁘다는 이유로 항상 직진이었지만 그때는 좌회전도 하고, 우회전도 했다. 그렇게 하니 고흥이 보였고, 그런 고흥은 참 아름다웠고 매력적이었다.

설 명절이 지나고 오랜만에 고흥으로 떠났다. 설렘 가득한 고흥행이기에 내비게이션에 찍힌 398km가 39.8km로 보였다. 새벽 4시에 출발해 도착은 8시 반 예정이었고 얼추 비슷하게 고흥읍에 도착했다. 주차하기 위해 장터 주변을 돌았다. 사람이 없다. 파는 이도, 사는 이 모두 없다. 잠시 생각해보니 며칠 전이 설날이었다. 설 대목 이후로 보름 정도 지나야 장이 제대로 서는데 잠시 잊었다. 오일장뿐만 아니라 백화점에서도, 온라인 쇼핑몰에서도 명절이 지나고 보름 정도 지나야 평소의 매출이 나온다. 사람도, 상품도 없는 장터를 잠시 돌았다. 다른 장터와 다른 특이한 점이 있었다. 장터에 사람이 없어도 생선 굽는 냄새가 진동했다. 고흥오일장에는 숯불에 생선 굽는 집들이 여럿 모여 있다. 가자미, 민어, 삼치 등 생선 종류도 다양했다. 제사상이나 잔치상에 구운 생선을 올리는 것이 고흥 지역의 특색이라고 한다. 반건조한 생선 파는 곳은 어디든 있어도 생선 구워서 파는 곳이 있는 것은 가본 시중 중에서 유일했다. 오일장은 서지 않았지만 수산시장은 괜찮을까 싶어 녹동항어시장으로 향했다.

고흥 가는 목적에 오일장도 있지만 맛있는 토마토 농장 방문도 있다. 추운 겨울, 웬만한 채소는 남쪽에서 생산한다. 충청도나 경기도에 비해 상대적으로 따듯하기 때문이다. 한여름 토마토는 춘천을 비롯해 화천에서 많이 생산한다. 화천은 매해 여름 토마토 축제까지 여는 도시다. 겨울 화천에는 토마토가 없다. 고흥을 비롯한 따듯한 남쪽 지방에서 토마토가 난다. 우리나라에서 생산하는 토마토는 크게 유럽계와 동양계 두 가지다. 예전에는 생식용 동양계 토마토를 주로 생산했지만 근래에는 단단한 유럽계 토마토 생산이 많아졌다. 유럽계는 껍질이 단단해 다단계를 거치는 유통 환경에 적합한 품종이다. 단단하기에 쉬이 무르지 않아 선호한다. 맛은 그다음이다. 아무리 단단한 유럽계 토마토라도 익은 상태에서 유통하면 판매 기간이 짧아진다. 그런 까닭에 익기 시작할 무렵부터 수확한다. 파란빛이 도는 토마토는 유통 단계를 거치는 동안 붉은빛으로 물든다. 익은 것이 아니라 색만 물드는 것이기에 가지에서 익은 것과는 맛의 깊이가 다를 수밖에 없다.

고흥의 '어설픈농부이야기'는 여느 토마토 농가와 다른 곳이다. 다름은 별거 없다. 품종을 떠나 토마토가 줄기에서 충분히 익었을 때 수확한다. 토마토를 충분히 익혀서 따면 방금 땄더라도 꼭지가 말라 있

어설픈농부이야기

다. 꼭지 마른 것은 오랜 묵은 토마토라서 신선하지 않다고 하는 이들이 있다. 설익은 토마토만 보고 이야기한 이들의 말이니 맹신할 필요가 없다. 꼭지가 싱싱해서 좋은 것은 아마도 딸기 정도가 아닐까 싶다. 줄기에서 익은 토마토는 제철의 것처럼 맛있었다. 찰지게 씹히는 과육과 풍성한 과즙에는 향긋함이 가득했다. 수확해서 익힌 토마토 맛과 익혀 수확한 토마토의 맛은 다르다. 글로 설명하기 힘들다. 직접 맛을 봐야 한다. 토마토 맛을 보고 아는 셰프한테 토마토 농장 소개를 했더니 바로 메뉴에 사용하고 있다면 설명이 될까.

농장에서 녹동항 가는 길 주변 밭이 파랗다. 예전에는 시금치도 있었는데 찾아보기 어렵고 전부 다 마늘밭이다. 겨울 초입에 파종한 마늘은 여름 초입에 거둔다. 거두는 시기에 따라 조생종(난지형, 暖地形)

과 만생종(한지형, 寒地形)으로 나뉜다. 조생종은 주로 중국과 스페인 품종이고 만생종은 재래종이다. 예전에는 조생종이 만생종보다 저장성이 떨어졌지만 근래에는 별 차이가 없다.

서산, 태안, 단양, 의성은 마늘로 이름난 지역이다. 고흥에서 나는 마늘도 앞서 언급한 지역의 것만큼 맛이 뛰어나다. 따듯한 지역답게 조생종 마늘 재배도 많지만 고흥 재래종과 개량종도 많이 난다. 재래종은 아린 맛이 수입종이나 중국산 마늘에 비해 적다. 생마늘을 편으로 썰어 고기와 쌈을 쌀 때 진가를 발휘한다. 기름장에 구워 아린 맛을 없앨 필요가 없다.

녹동항어시장도 설 대목 지난 후라 사람 없기는 마찬가지였다. 시장 구경을 서둘러 끝내고 밥을 먹었다. 녹동항을 가면 항상 장어탕 한 그릇 했다. 붕장어를 된장 육수에 끓인 뚝배기 한 그릇에 출장의 피곤이 단박에 풀리곤 했다. 사실 여름 보양 음식으로 장어를 많이 찾는데 붕장어가 가장 맛있는 시기는 겨울철이다. 물고기는 산란을 준비하는 시기가 가장 맛있다. 붕장어는 4월과 5월 사이에 산란한다고 알려져 있다. 초여름의 붕장어는 산란 직후라 겨울철보다 맛이 떨어진다.

평소처럼 장어탕을 할까 하다가 돌게장백반으로 정했다. 가게 이름도 돌게장백반이다. 돌게, 혹은 박하지라 부르는 게는 사실 '민꽃게'다. 민꽃게는 꽃게보다 껍질이 단단하고 살은 적다. 다만 꽃게보다 가격이 저렴하고 맛도 떨어지지는 않아 게장 담는 용도로 쓰임새가 좋다. 게장 백반을 주문하니 이내 상이 차려진다. 찌개를 끓이거나 거한

돌게장백반

차림이 아닌 몇 가지 반찬과 간장게장, 게 무침이 놓인 상이다. 시장이 반찬이 아니더라도 달고 짠 맛으로 먹는 간장게장은 배불러도 밥을 부르는 마력을 지녔다. 간장게장의 단짠이 질릴 때 빨갛게 무친 게장을 먹으면 입안은 리셋 된다. 같이 나온 시금치며, 말린 장대 찐 것 하나하나가 숫자만 열댓 가지 채운 반찬 나오는 식당보다 맛이 좋다.

녹동항에서 고흥읍 방향으로 30분 직진하면 바로 고속도로가 나온다. 직진 대신 오른쪽의 77번 국도 따라 외나로도로 향하면 시간은 조금 걸려도 아름다운 풍광을 만난다. 오른쪽으로 드넓은 푸른 바다와 아기자기한 섬이, 왼쪽으로는 나지막한 산과 넓은 들판이 50km 넘게 이어진다. 작은 포구 어디에서든 사진을 찍으면 그곳이 인생샷 포인트가 된다. 운전하는 오른발의 힘을 뺄수록 풍경이 편하게 다가오는 길이다. '대한민국의 10대 아름다운 길'이 있다고 하는데 내 기준으로 여기가 1등이다. 특히 나로우주센터 전망대에서 여수 넘어가는 팔영대교까지 해안길이 가장 마음에 드는 길이다.

녹동항에서 45km 가면 외나로도 항구가 나온다. 주변 섬으로 가는 여객터미널 주변으로 삼치회를 파는 식당 몇 곳이 모여 있다. 내 입맛에는 겨울 방어보다는 삼치가 한 수 위다. 이번에는 서울식당에서 삼치회 대신 구이와 생선까스를 주문했다. 생선구이 전문점에서 나오

는 작은 삼치 한 마리가 아닌 큰 삼치 한 토막이 나온다. 이 한 토막이 작은 한 마리보다 먹을 게 많다. 양도 많지만 부드럽고 고소한 살 맛은 어느 생선이 와도 흉내 낼 수 없다. 대형 할인점에서 40~50cm 크기의 삼치를 마리 단위로 팔기도 한다. 같이 파는 고등어나 조기 등 다른 생선에 비해 크기가 커 보여도 새끼 삼치다. 적어도 80cm는 넘어야 제대로 삼치 살 맛을 볼 수 있다.

고흥과 여수를 연결하는 팔영대교가 멀리 보인다.

부산과 일본 사이에 대마도가 있다. 대마도에서 후쿠오카 가는 길에 이키섬(壱岐島)이 있다. 이키섬 특산 음식 중에 삼치 샤부샤부가 있는데, 얇게 포를 뜬 삼치를 살짝 데쳐서 양념 소스에 찍어 먹는다. 삼치의 고소한 맛이 좋을뿐더러, 샤부샤부라는 방식이 신선했다.

5년 전에 고흥에 왔을 때 나로도항 주변 식당에서는 삼치회만 팔았다. 지금은 생선까스로, 어탕국수로도 팔고 있다. 삼치로 만든 생선까스(메뉴에는 삼치커틀릿)는 씹는 맛이 좋다. 사실 무엇으로 요리해도 맛없기가 힘든 것이 튀김이다. 게다가 살집 좋은 삼치를 튀기니 대구나 명태 살을 저며 튀긴 것과는 씹는 맛이 달랐다. 여럿이 가서, 아니 혼자라도 한 번은 먹어야 할 음식이다. 갓김치는 한 번 더 달라고 했다. 나로도에서 삼치회를 먹으면 더 맛있게 느껴지는 것도 톡 쏘는 갓김치 때문이 아니었나 싶다.

고흥군 과역면에는 두 가지 유명한 것이 있다. 하나는 커피 농장이고, 또 하나는 삼겹살백반이다. 국내 최대의 커피 농장 주변으로 카페와 바리스타 교육장이 있다. 카페에서는 고흥에서 재배한 커피만 사용한다. 과역버스터미널 주변으로 백반집이 여럿 있다. 기사식당이든 일반 식당이든 주 종목은 삼겹살백반이다. 여느 기사식당의 돼지불백 대신 냉동 삼겹살을 불판 위에 올려준다. 또 한 가지 다른 점은, 메뉴가 하나라 선택의 고민이 없다. 식당에 들어서면 인원수만 물어보고는 일사천리로 가스레인지 불을 켜고 삼겹살을 올린다. 반찬이 깔리는 사이 얇게 썬 냉동 삼겹살이 익기 시작한다. 삼겹살 기름에 잘

고흥 녹동항에서 외나로도 가는 중간의 작은 포구

서울식당

보성식당

익은 김치를 굽는다. 얼추 삼겹살과 김치가 익으면 먹을 준비 끝이다. 고기를 상추쌈 싸 몇 번 먹다 보면 밥 한 공기가 순식간에 사라진다. 손님들 오가는 말속에 친분이 가득하다. 동네 사람들 오가는 편한 식당이다. 혼자 고기 구워 먹기 힘든 곳이 우리나라다. 고흥에서만큼은 눈치 안 보고 편하게 고기와 함께 밥을 먹을 수 있다.

고흥장이 4일과 9일, 과역장이 5일과 10일에 열린다. 고흥장을 제대로 못 봤기에 다음 날 과역장을 혹시나 하는 마음에 갔지만 '역시나'였다. 며느리에서 며느리로 이어진 팥죽을 한 그릇 할까 하다가 잠시 다른 구경하는 사이에 문을 닫아 버렸다. 일이라는 게 할 타이밍에 하지 않으면 남는 것은 후회다. 여행에서 후회는 다시금 가야 할 핑곗거리가 된다. 오일장을 제대로 못 봐서, 먹어야 할 팥죽을 못 먹어서 후회가 가득하다. 기온이 올라가고 내려감에 따라 오일장 취재지를 결정한다. 꽃길 따라 올라갔다가 단풍 따라 내려온다. 가을 단풍이 땅으로 내려 앉을 때 다시 한 번 갈 생각이다.

상점 정보

- 어설픈농부이야기 **주소** 전라남도 고흥군 포두면 삼정길 42-6 **전화** 070-4234-0909
- 돌게장백반 **주소** 전라남도 고흥군 도양읍 북문길 3-12 **전화** 061-844-9090
- 서울식당 **주소** 전라남도 고흥군 봉래면 나로도항길 145 **전화** 061-835-5111
- 보성식당 **주소** 전라남도 고흥군 과역면 무궁화길 12-1 **전화** 061-833-9381

겨울

낙지, 굴, 삼치,
겨울 해남은 무엇을 먹어도 맛나다

한반도의 끄트머리 해남. 땅끝마을에서 서울까지 천 리, 서울에서 함경북도까지 2천 리, 합하면 3천 리 강산이 되는 시작이거나 끝인 곳이 해남이다. 해남은 전국에서 열다섯 번째로 큰 시군이고 전라남도에서 가장 큰 면적을 차지한다. 해남은 강진과 영암에 맞닿아 있는 계곡면과 옥천면, 내륙에 있는 삼산면을 제외하고는 바다를 품고 있다. 제주도처럼 한겨울에도 날이 따듯해 나는 산물들이 다양하고 맛도 좋다.

많은 산물이 나는 곳이다 보니 지역별로 오일장이 선다. 그중 가장 큰 장은 해남읍에서 1, 6일 들어가는 날에 서는 해남읍장이다. 4, 9일에 진도 초입에서 열리는 우수영오일장, 2, 7일에 완도와의 경계지점에서 열리는 남창장도 싱싱한 수산물을 살 수 있는 장으로 유명하다. 해남오일장에 많은 것들이 나오지만 그중 해남 사람들도 이 시기가 되면 찾는 것이 몇 가지가 있다.

첫새벽에 도착해 오일장 구경 전에 들어간 식당에서 이름 모를 젓갈이 찬으로 나왔다. 토하젓과 비슷하지만 살짝 나는 흙내도 없거니와 귀한 토하 새우를 7천 원 백반집에서 찬으로 낼 일이 없기에 작은 바다 새우젓이라 생각했다. 따스한 밥과 함께 먹으니 토하젓 못지않게 밥을 빠르게 훔치는 솜씨가 보통이 아니다. 속을 든든히 하고 장 구경을 나서니 채반에 소복이 담긴 것을 사려는 사람들이 많다. 옆에서 지켜보니 새우처럼 보인다. 플라스틱 그릇 한가득 담은 것을 만 원에 판다. 이름을 물어보니 '자애'라 한다. 자애는 '자하'의 지역 사투리다. 자하는 새우처럼 생겼지만 새우는 아니다. 새우와 다른 곤쟁이다. 발이 열 개인 새우와 달리 곤쟁이는 발이 여덟 개다. 곤쟁이와 새우를 구별할 때 가슴에 아가미가 달려 있으면 곤쟁이라 여기면 된다. 자하는 겨울 초입부터 이른 봄까지 얕은 바다에서 나는 겨울 별미다. 해남에서는 자애젓이라 부르지만 다른 젓갈처럼 삭히지 않고 어리굴젓처럼 무쳐서 바로 먹는다. 고춧가루, 다진 마늘, 쪽파와 달래 다진 것으로 양념하고 마지막으로 들기름 한 방울로 향을 더하면 끝이다. 죽은 입맛도 살리는 묘약이다.

해남에서 나는 것 중 전국적으로 유명한 것들이 있다. 김장철의 절임 배추, 가을부터 달달함으로 사람들을 유혹하는 고구마 등이 대표적이다. 바닷바람 맞은 양파와 마늘도 품질 좋기로 유명하다. 하지만 비린 것들은 많이 나면서도 이름이 안 났다. 있으면서도 없는 것들이

내동리 굴 밭

짭조름한 맛이 일품인 자애젓

자애

해남낙지

있는 해남이다. 그 중 대표적인 것이 바로 낙지다. 해남의 낙지는 씹는 맛이 부드러워 경매에서 항상 최고가를 받는다. 해남 낙지가 부드러운 이유는 잡는 방법이 다른 곳과 다르기 때문이다. 일반적으로 낙지는 통발로 잡거나 게(서렁게, 칠게)를 매단 타일을 길게 연결한 주낙으로 잡는다. TV에서 흔히 보는 물 빠진 갯벌에서 삽질로 잡는 것은 일부이다. 해남에서는 다른 곳처럼 주낙으로 잡지만 타일에 바늘이 없어 잡힌 낙지에 상처가 없다. 바늘이 있으면 올리는 도중에 낙지가 떨어지지는 않지만 상처 나기 십상이다. 해남에서는 올라오다 떨어지는 것은 내 것이 아니라는 생각으로 보내고, 끝까지 게를 붙잡고 있는 먹성 좋은 낙지만 잡는다. 먹성이 좋은 녀석들이다 보니 살 맛이 남다를 수밖에 없다. 한때는 서울 가락동시장이나 노량진에서 높은 몸값을 자랑했지만 지금은 값싼 중국산에 밀려 대부분은 목포에서 목포 낙지로 소비된다. 회를 주문하면 곁들임 찬으로 나오는 중국산 낙지와 달리 해남 낙지는 차진 맛과 부드러운 맛을 같이 가지고 있다.

삼면으로 바다를 끼고 있는 해남에 상설 어시장이 없다. 낙지가 많이 잡혀도 손쉽게 살 수 있는 곳이 드물다. 30년 넘게 해남에서 낙지 도소매를 하는 땅끝매일수산이 그나마 있어 낙지를 살 수 있다. 2, 7장이 열리는 남창오일장 바로 옆에 있다.

찬 바람이 불면 맛이 쨍해지는 것이 굴이다. 굴하면 통영이다. 겨울 한 철 먹는 굴의 열에 여덟은 통영에서 생산한 것이다. 굴을 생산하는 방식은 수하식과 투석식 두 가지가 있다. 수하식은 줄에 매단 가리비 껍데기에 굴 유생을 부착해 수심이 깊은 곳에서 키운다. 바닷물에 계속 잠긴 상태로 성장을 하기에 알이 크고 살집이 좋다. 우리가 먹는 굴 대부분이 이 방식으로 키운 것이다. 반면 수심이 낮은 갯벌에 돌을 던져 놓고 굴 유생이 달라붙도록 한 것이 투석식이다. 혹자는 수하식과 투석식을 양식이니 자연산이니 구별하지만 사실 먹이를 따로 주는 것이 아니므로 구별은 의미가 없다. 투석식으로 자란 것은 수하식으로 자란 것보다 알이 작다. 먹이 활동이 제한되고 햇빛과 공기에 노출되는 혹독한 환경이다 보니 살집은 작아도 맛이나 향은 수하식에 비해 진하다.

해남의 남쪽, 완도를 바라보는 북일면과 북평면에서 맛있는 굴이 난다. 모래와 펄이 적절히 섞인 갯벌의 굴 밭(갯벌에 집집이 구역이 정해져 있다)에서는 12월부터 굴에 살이 올라오고 1월에야 제맛이 난다. 옹골찬 굴 맛을 찾아 북일면 내동리로 갔다. 마침 수확한 굴을 까고 있었다. 몇 개의 굴이 제멋대로 붙어 있는 껍데기를 열어 굴을 발라낸다. 작은 것은 젓갈용으로, 살집이 좋은 것은 횟감으로 분리한다. 화톳불 옆에서 잠시 이런저런 이야기를 붙이고 있으니 입 다물라는 의미인지 커다란 굴을 건네신다. 바닷물을 품고 있던 굴에서 쨍한 짠맛이 나더니 이내 감칠맛이 짠맛을 덮는다. 한 개 먹었을 뿐인데 향긋한 바다 향이 입안을 채운다. 맛있는 탄성이 굴 넘어간 목구멍에서 터져 나왔다. 굴 채취는 바닷물이 많이 빠질 때 작업한다. 잡은 것은 갯벌 초입에 쟁여 놨다가 조금씩 낸다. 해남 읍장에서 인기 좋은 품목이다. 해남 북평면 와룡리에서 나는 굴도 내동리 못지않다고 하니 두 지역은 메모해 두면 맛있는 굴을 살 수 있다.

남도의 매력은 백반을 시켜도 열댓 가지 반찬이 나오는 다양함에 있다. 다양한 찬이 나오는 것도 좋지만 한 가지를 콕 집어서 먹으면 조금 더 깊은 맛을 즐길 수 있다. 한겨울 남도 여행에서 꼭 맛봐야 하는 것 중 하나가 삼치회다. 삼치회의 맛은 방어와 참치를 합친 맛이다. 참치처럼 한없이 부드럽고, 겨울 방어의 기름진 맛이 있다. 생선구이로 먹는 삼치는 어린 삼치고 회로 즐기는 것은 크기 1m 내외의 큰 삼치다. 삼치회에 빠지면 다른 회는 눈에 잘 안 들어온다. 겨울에 먹을 수 있는 별미 중의 별미지만 다른 회에 비해 먹어 본 사람이 드물다.

삼치회는 초장이나 고추냉이 간장 없이 먹는다. 대신 김, 쪽파를

내동리에서 만난 굴은 향긋한 바다 향을 품고 있다.

영일만식당

송송 썰어 넣은 양념간장이 필요하다. 물론 곰삭은 김치가 빠져서는 안 된다. 반듯하게 자른 김 한 장을 왼손에 올린 다음, 간장과 고춧가루를 품은 쪽파를 삼치회에 얹는다. 그리고 김치를 올린다. 이렇게 먹으면 술안주. 여기에 밥을 한 숟가락 올려 먹으면 최고의 한 끼가 된다. 갓김치가 맛있는 여수, 순천에서는 묵은지 대신 갓김치 썬 것이 나온다. 영일만식당에서 맛볼 수 있다.

전라남도의 군, 면 단위의 시내를 다니면 식당 메뉴로 생고기, 육회비빔밥을 흔히 볼 수 있다. 전라남도는 전국에서 경상북도 다음으로 소를 많이 키우는 곳이다 보니 파는 곳도 많다. 많기도 많지만 가격이 우선 착하다. 육회 비빔밥이 비싸면 9천 원, 싸면 7천 원이다. 가격이 싸다고 육회 양이 박하지 않다. 해남 읍내에서 30분 정도 진도 방향으로 가면 우수영관광지가 있는 문내면이다. 여기에 해남에서 육회비빔밥으로 둘째가라면 서러울 현대식당이 있다. 같은 자리에서 40년 가까이 고기와 곰탕 그리고 육회비빔밥을 내는 식당이다. 1시 30분 조금 넘은 시간이지만 여전히 사람들이 들고 난다. 관광 성수기도 아닌 한겨울 면 소재지 식당에 사람이 많다는 것은 그만큼 지역 사람들이 찾는 식당이라는 방증. 육회비빔밥을 주문하니 지지고 볶는 과정이 없어서인지 금세 나온다. 준비 과정이야 복잡하지만 그릇에 담고 먹는 과정은 전형적인 패스트푸드다. 채소 위에 육회가 고명처럼 올라간 것이 아니라 압도하는 양이다. 육회비빔밥을 먹기 전에 먼저 하는 의식이 있다. 바로 '김 가루'를 제거하는 것. 조금 들어간 것은 그냥 두

현대식당

지만 좀 많다 싶으면 비비기 전 덜어 낸다. 김가루 만들 때 쓴 향신 참기름(식용유에 참기름 향을 첨가해 만든 기름)이 전체 맛을 흩뜨리기 때문에 가급적 빼내고 먹는다. 개미 가득 들어간 전라도 김치를 곁들여 먹다 보면 금세 바닥이 드러난다. 수저를 놓는 순간 한 끼 잘 먹었다는 느낌이 든다.

상점 정보

- 땅끝매일수산 **주소** 전라남도 해남군 북평면 달량진길 52-17 **전화** 061-533-6362
- 영일만식당 **주소** 전라남도 해남군 해남읍 읍내길 39 **전화** 061-536-9588
- 현대식당 **주소** 전라남도 해남군 문내면 우수영로 13-1 **전화** 061-532-1344

5장

경상도

문경 * 사천 * 창원 * 경주 * 봉화 * 함양

겨울

우연이 선물한 기가막히게 근사한 필연

설날 전에 전라남도 진도와 경상북도 문경 두 곳의 오일장을 다녀왔다. 원래 목적지는 전라남도 진도였다. 1월 31일, 1박 2일 일정으로 출발했는데 날을 잘못 알았다. 하루 더 있으면 장터 구경을 할 수 있었지만 다음날 다른 일정이 있는 탓에 그리하지 못했다. 사전에 확인한 오일장은 1, 6장이었는데 실제는 2, 7장이었다. 평소에는 군청 홈페이지에 있는 정보를 한 번 더 체크하고 움직였다. 일이 꼬이려고 그랬는지 이번만큼은 그냥 내려갔던 것이 화근이었다. 빈손으로 올라오기 뭐해 옆 동네 해남오일장에서 5kg 대 삼치 산 것으로 위안 삼았다. 다시 일정을 잡을까 하다가 경상북도 문경으로 방향을 잡았다. 치즈가 나왔으니 맛보러 오라는 문경의 우유 생산자의 연락에 말이다.

요새 여러 시군에 작은 목장형 유가공 시설이 속속 들어서고 있다. 2000년대 초반만 하더라도 경상북도 울산, 강원도 평창과 원주 정도

에만 있었지만 근래에는 군 단위로 하나씩 생겨나는 듯싶을 정도다. '논지엠오유가공'은 2000년대 초반에 자리 잡은 곳으로 다른 곳과 달리 젖소에게 옥수수가 든 곡물 사료를 먹이지 않는다. 소의 원래 먹이인 풀만 먹인다. 그렇다 보니 원래 우유의 맛인 고소함이 그대로 담겨 있다.

우유라는 게 가공할 때 열의 가감에 따라 고소함이 달라진다. 높은 온도에서 가공할수록 고소함이 증가한다. 실온 보관용 멸균우유가 고소한 맛이 나는 이유다. 풀만 먹여 착유(搾乳)한 우유는 저온 살균을 해도 맛 자체가 고소하다. 그런 우유로 만든 치즈가 나왔다 하니 아니 갈 수 없었다. 한걸음에 달려가 맛본 생치즈 맛은 고소함이 가득했다. 샐러드에 넣으면 환상의 맛을 낼 듯싶었다. 문경에 새로 문을 연 문경로컬푸드문화센터에서 우유와 요구르트를 판매하고 있다.

한반도의 내륙에 있는 문경은 가을에 맛으로 가장 빛난다. 문경의 가을은 사과와 오미자의 붉은빛이 가득하다. 원래 문경은 올 10월에 갈 생각이었다. 문경에서 나는 사과는 일본에서 육종한 부사 품종이 아닌 국내에서 육종한 감홍 품종이 많다. 사과 파는 곳에 걸려 있는 플래카드에 '감홍'이 빠지지 않는 까닭이다. 감홍은 단단하고 아삭한 맛이 일품이다. 또 문경 곳곳을 다니다 보면 오미자 관련 조형물이 많다. 오미자는 문경 시내에서 한참 들어가야 나오는 동로면에서 최초로 재배를 시작했다고 알려졌다. 야생의 오미자를 채취하던 것을 밭으로 옮겨 심은 곳이 동로면이다. 가을이면 야생 버섯도 많이 나온다. 이런 문경은 가을에 가야 제맛을 볼 수 있다.

문경읍과 점촌시가 통합하면서 문경시가 됐기에 두 곳에서 규모 있는 오일장이 선다. 그중 시청이 있는 점촌에서 열리는 오일장 규모가 더 크다. 점촌전통시장 주변에 서는 오일장은 설 대목을 앞둔 시장답게 사람이 차고 넘쳤다. 다른 먹거리보다 제수용이 압도적이었다. 작년 봄에 말려 보관하던 묵나물이 많았다. 보통은 묵나물째 많이 판매하는데 미리 물에 불리고 삶아서 나온 것도 꽤 많았다. 그런 묵나물 사이에서 봄나물, 냉이가 보였다. 봄을 대표하는 나물에 냉이나 달래가 빠지지 않는다. 다만 예전처럼 논두렁 밭두렁에서 조금씩 캐지 않고 요새는 비닐하우스나 노지재배를 많이 한다. 장터 골목을 다니다 검은 봉지에서 검불과 냉이를 골라내는 할머니가 눈에 들어왔다. 재배한 냉이는 크기가 고르고 깔끔하다. 할머니의 냉이는 깔끔함과 거리가 있었다. 할머니 주변의 짐을 봤지만 검은 봉지가 다였다. 뒤쪽의

냉이와 감잎, 묵나물

큰 짐에서 조금씩 덜어 파는 이들도 있기에 장터에서 물건 살 때 가끔 주변을 보기도 한다. 사진을 찍고는 한 바퀴 더 돌고 사야지 하고는 잊어버렸다. 보통은 바로 사고 난 다음 맡겨 놓고 돌아다니다가 찾아가곤 했었다. 진도부터 문경까지 실수의 연속이었다. 다음에 준비를 더 철저히 하라는 경고인 듯싶다.

백에 하나 '우연히' 들른 식당이 대박인 경우가 있다. 그런 식당이 문경에만 세 곳이 있다. 문경과 필연으로 연결된 것이 아닌가 싶다. 첫 번째 인연은 10년 전이다. 전 직장을 그만두고 선배가 하는 회사에 취업했다. 몇몇이 있는 작은 회사, 신입 환영회 및 야유회를 문경에서 했다. 기나긴 밤을 보내고 다음 날 숙소에서 나와 보이는 식당에 들어갔다. 맛보다는 해장이 먼저였기에 식당을 고를 여유가 없었다. 고모산성 앞을 지나는 영강 주변에 매운탕 전문 식당이 많다. 점촌 시내에도 이름난 식당이 꽤 있을 정도로 문경에는 민물매운탕 식당이 많다. 간판만 보고 들어간 이 식당도 매운탕이 전문이었다.

민물매운탕은 크게 잡어와 메기, 동자개(빠가사리) 매운탕 세 가지로 나뉜다. 사실 잡어라는 게 맛이 없어 잡어가 아니다. 메기나 동자개처럼 주'魚(어)'만 빠졌을 뿐 이런저런 물고기가 포함된다. 개인적으로 매운탕은 잡어만 주문한다. 매운탕을 주문하고는 곁다리로 손두부를 주문했는데 그게 대박이었다. 민물매운탕은 문경의 이름난 곳과 별반 차이가 없는 정도라면 두부는 고소한 맛이 일품이었다. 포장 두부에서는 맛볼 수 없는 콩의 묵직한 질감, 질감 안에 품고 있는 고소함이 씹을수록 맛있었다.

오랜만에 두부 맛을 보러 '강이주는맛집'에 다시 갔다. 잡어 매운탕 작은 거 하나 주문하고 손두부 반 모도 주문했다. 매운탕에는 모래

강이주는맛집

무지며 꺽지가 가득 들어 있었다. 꺽지의 달곰한 살맛은 쏘가리와 동급이다. 매운탕이 끓기 전 두부부터 맛봤다. 같이 간 이의 눈이 커졌다. 이 집 두부 맛이 그렇게 만든다.

의성 다인면의 유기농 사과 농장에 갔다가 집으로 가는 길에 문경을 통과한다. 보통은 점촌함창나들목에서 고속도로에 오르곤 했다. 아주 가끔 문경종합온천에서 온천욕 하고 올라가기도 했다. 그 날도 점촌함창나들목에서 온천 가는 길에 마성면을 지나고 있었다. 밥때가 살짝 지난 시간이라 무엇을 먹을까 하다가 '마성식당'이라는 올갱이 해장국집과 바로 붙어 있는 중국집이 눈에 띄었다. 잠시지만 느낌상 긴 시간의 갈등 후에 해장국집을 선택했다. 문을 열고 들어가니 아주머니가 올갱이에서 살을 발라내고 있었다. 촉이 왔다.

점촌 시내에서는 올갱이를 골뱅이라 하기도 한다. 실제는 다슬기가 표준어다. 몇 가지 반찬과 해장국이 나왔다. 아욱 넣고 끓인 해장국은 시원함을 넘어 상쾌하기까지 했다. 얼큰한 짬뽕 대신 해장국을 선택한 나의 촉을 마구마구 칭찬하며 한 그릇 뚝딱 비웠다. 밥 먹으면서 살짝 물으니 남편은 동강에서 다슬기를 잡고, 아내는 해장국을 끓이며 완벽한 분업으로 운영한다고 한다. 아침 늦게 문을 열고 재료가 떨어지거나 일이 있으면 문을 일찍 닫는다. 오후 늦게 가서 못 먹고 올라온 경험이 몇 번 있다. 이번 출장길에도 문 닫힌 식당 앞에서 되돌아 왔다. 전국에서 먹어봤지만 이 집이 올갱이해장국으로는 내게 으뜸이다.

마성식당

가을에서 겨울로 넘어가던 시기, 도토리묵집이 눈에 들어왔다. 시기상으로 도토리묵이 가장 맛있는 시기다. 이름난 산사나 등산코스 초입의 대표 음식인 도토리묵은 사시사철 사랑 받는다. 제철에 관한 생각은 제로에 가깝지만 실상은 겨울 초입이 가장 맛있다. 도토리 전분이 내는 특유의 쌉싸름한 맛이 가장 좋을 때다. 그다음이 김장 김치가 얼추 익어 맛이 제자리를 찾을 때다. 이때부터 봄까지 도토리묵밥이 가장 맛있다.

면사무소 근처에 묵밥 전문이라면 고민할 필요가 없다. 게다가 시기까지 딱 맞아떨어져 바로 '희영이네' 문을 열고 들어갔다. 묵과 고명이 올려진 채로 나오고, 육수는 따로 내주는 형태였다. 묵이 맛있는 집이다. 제천에서 원주 넘어갈 때 가끔 먹는 묵집이 있다. 이 집도 이날 이후로 문경에서 괴산 갈 때 가끔 이용하는 집이 됐다.

상점 정보

- 문경로컬푸드문화센터 **주소** 경상북도 문경시 호계면 문경대로 1030 **전화** 054-553-1159
- 강이주는맛집 **주소** 경상북도 문경시 마성면 구랑로 241 **전화** 054-571-0689
- 마성식당 **주소** 경상북도 문경시 마성면 문경대로 1764 **전화** 054-572-3963
- 희영이네 **주소** 경상북도 문경시 마성면 은성로 1667 **전화** 054-571-6785

경상남도 사천

봄

잘 나가다가 삼천포에 빠지는 이유는?
나는 것들이 다 맛있기 때문!

드라마 〈응답하라 1988〉에 사천과 삼천포의 통합 이야기가 나온다. 삼천포 출신 배역을 연기한 배우 김성균이 사천과 삼천을 더해 칠천포로 하자는 이야기를 하고 쫓겨난다. 사천에 갈 때면 그 장면이 살랑거리는 봄바람처럼 뇌리에 잠시 머물다 간다. 잘 나가다가 삼천포로 빠지는 것은 당연하다. 뭐 남강댐 수로니, 개양역 이야기 같은 설화가 아니라, 왜 삼천포로 빠졌을까에 대한 이유는 명확하다. 아름답고 맛난 것이 많기 때문이다.

사천에서 동으로는 통영과 거제, 서남으로는 남해다. 남해 창선면까지는 삼천포대교가 모개섬, 늑도를 이어 10분이면 간다. 푸른 바다를 두른 아기자기한 해안선이 예쁜 곳이 사천. 바다에서는 맛난 것이 많이 나왔고 대표 어종이 쥐치였다. 삼천포는 쥐치로 만든 쥐포의 메카였다. 1950년대부터 쥐치 가공 산업이 활발해졌다고 한다. 나도 2004년 MSG를 넣지 않은 국내산 쥐포를 기획하면서 삼천포 쥐포가 유명한지 알게 됐다. 쥐치는 몇 가지 종류가 있다. 그중에서 쥐포를 만드는 것은 말쥐치이다. 말쥐치로 한 쥐포여야만 씹는 맛이 제대로 난다. 조미료가 내는 감칠맛과는 다른 감칠맛이 있다.

예전에는 삼천포 근해의 쥐치 어획량이 많았다고 한다. 지금은 바다 상황이 바뀌고, 남획(濫獲)으로 어획량이 급감해 부산이나 강원도에서 잡은 것을 가져와 가공한다고 한다. 그나마 작년 12월과 올해는 그 바다의 작황마저 나빠 쥐포 작업을 거의 못 했다고 한다. 가는 길에 삼천포 쥐포 공장도 보려 했지만, 다음으로 미뤘다.

삼천포에는 종합시장, 중앙시장, 수산시장이 있다. 동네 마실 가듯

슬렁슬렁 걸어갈 정도의 거리다. 그중에서 매달 4, 9일이 든 날이면 삼천포종합시장에 오일장이 선다. 일단은 시장의 모양새가 여느 곳하고 달랐다. 4층짜리 아파트 건물의 1층은 상가, 2~4층은 살림집이다. 오일장은 아파트와 아파트 사이의 골목을 채우고 주변을 둘러싼 모양새다. 한쪽은 수산물 나머지는 나물을 비롯한 농산물이다. 상인들은 도로에 천막을 세우고 홍을 돋운다. 이웃한 고성보다 장터 크기는 작아도 아기자기한 맛에 구경하는 재미가 쏠쏠하다.

봄이 일찍 얼굴을 내미는 남도답게 3월 초의 장터에는 원추리, 머위, 곰보배추(정식 명칭은 뱀차즈기)를 비롯해 단골인 쑥, 냉이, 달래가 빠지지 않고 있었다. 수산물 코너에는 가자미나 도다리가 많았다. 봄이 오면 몸이 넓적한 생선은 눈길조차 주지 않는다. 산란을 끝낸 지 얼마 되지 않아 살이 퍼석퍼석하고 단맛이 없기 때문이다. 많지는 않지만 얕은 바다에 산란하러 들어왔다 잡힌 멸치가 좌판 여기저기 눈에 띈다. 멸치는 봄이 오면 기장을 비롯한 남도의 바다에 얼굴을 내민다. 3월에 남도의 인기 스타 중 하나다. 횟감으로, 조림용으로 많이들 사 간다.

문어와 낙지, 주꾸미와 몇 가지 생선 사이에 잔털을 뒤집어쓴 게가 눈에 띈다. 털게라고 부르지만, 실은 밤송이게가 정확한 명칭이다. 털게과의 게는 맞지만 강원도나 차가운 물에서 잡히는 털게가 따로 있기에 밤송이게라 불러야 한다. 가격 차이도 크게 난다. 털게는 한 마리에 10만 원 언저리다. 밤송이게는 시장마다 조금씩 다르지만 몇 마리

삼천포오일장

곰보배추

에 2~3만 원이다. 작년 2월 마산 진동에서 구경하고 1년 만의 재회다. 밤송이게 맛은 꽃게의 달곰함과 홍게의 진한 향이 합쳐진 듯 작은 몸체 안에 진한 맛을 품고 있다. 작년 2월에는 국물용으로 살 거 아니면 사지 말라는 아주머니의 말에 입맛만 다시고 말았다. 날이 따스해지면서 살이 차는 녀석이다. 게 좋아하시는 장모님 생각이 나 가격을 물었다. "다섯 마리 2만 원요" "그래요, 안짝에 따로 있는 거 다해서는요?" "어~ 다해서 5만 5천 원만 주소"

그날 밤 장모님 드릴 때 한 마리만 빼고 드렸다. 한 마리 쪄서 맛봤다. 기대만큼의 살은 없었다. 생각해 보니 바다는 아직 찬 겨울임을 잠시 잊었다. 아마도 음력으로 2월이 지나 제대로 바다에 봄이 왔을 때는 제맛이 날 듯싶다.

이른 새벽에 출발해 아침나절에 삼천포항에 도착했다. 주차하고 주변을 보니 졸복국 파는 곳이 많다. 미나리 넣고 끓인 시원한 것이 딱 맞겠다 싶다가도 왠지 다른 게 있을 거 같은 막연한 기대감과, 혹시라도 바지락탕이 있으면 좋겠다 싶어서 수산시장 주변을 어슬렁어슬렁 다녔다. 봄에 맛이 드는 것 중 빠지면 섭섭한 것이 바로 바지락. 바다와 하천이 만나는 지점을 기수역이라 한다. 영양성분이 풍부해 많은 해양생물의 터전이 되거니와 나는 수산물이 맛있다. 그중에서도 조개류가 특히 맛있다. 재첩국으로 많이들 먹는 재첩이 민물과 짠물이 만나는 곳에서 많이 난다. 섬진강 하류인 하동이 재첩으로 유명한 까닭이다. 재첩만 맛난 것이 아니라 대합이나 백합, 바지락도 재첩 이

밤송이게

상으로 맛나다. 낙동강의 지류인 남강을 막아 만든 진주 진양호의 물이 가화천을 통해 흘러 사천 바다로 들어온다.

바지락 하면 개펄을 연상한다. 물 빠진 너른 개펄에 삼삼오오 모여 호미로 바지락 캐는 모습 말이다. 개펄이 드러나지 않은 곳에서는 '형망(桁網)'이라는 어구를 사용해 바지락을 채취한다. 바다의 바닥을 쇠로 만든 갈퀴로 긁는다. 쇠에 달린 그물에 펄과 조개가 담기면 펄은 빠져나가고 조개만 남는다. 깊은 바다의 조개는 그렇게 잡는다. 깊은 바다에서 나는 바지락은 먹이 활동을 왕성히 한 덕에 살집이 튼실하다.

선미해장국이라는 집 간판이 눈에 띄었다. 식당 출입구 앞에는 해감 중인 바지락이 수족관마다 쌓여 있다. 재고 말고 할 것도 없이 문 열고 들어갔다. "바지락 해장국 주세요" 하니 바구니 들고 나갔다가 들어오고는 몇 분 채 지나지 않아 해장국이 나왔다. 분식점에서 내주

선미해장국

는 라면보다 빨랐다. 바지락 해장국에 따로 육수는 필요 없다. 물 끓이고 바지락 넣고 마늘 조금, 청양고추 조금이면 그만이다. 감칠맛과 짠맛은 바지락이 알아서 내 준다. 껍데기와 살을 분리하는 사이 국물이 식는다. 거기에 밥을 더하면 딱 맞는 온도가 된다. 여러 반찬이 있지만 손이 잘 안 간다. 반찬이 맛없어서가 아니라 뽀얀 국물이 품은 맛이 반찬을 잊게 만든다.

모테. 사천에서 석쇠를 그리 부른다고 한다. 모테구이가 석쇠구이다. 사천나들목을 나오면 근처에 모테구이 전문점, 유화식당이 있다. 돼지고기를 고추장이나 간장 양념을 해서 연탄불에 구워 백반으로 낸다. 화력 좋은 연탄불에 간장 양념한 고기를 태우지 않고 구워내, 불맛이 일품이다. 불맛과 탄내의 경계선을 잘 탄 맛이다. 이 집의 장점은 고기 맛 외에 한 가지가 더 있다. 1인분이 가능하다는 것이다. '2인분 이상 주문 가능' 표시조차 없는 식당에 앉았다가 쫓기듯 나온 적이 많다. 입구에서 들어가며 혼자라고 했다가 안 된다고 해서 나온 적도 있다. 다만 이 집은 백반이 9천 원인데, 혼자인 경우는 천 원 더 받는다. 1인분 주문하면서 눈치 볼 필요가 없어 마음 편히 식사했다. 백반에서 반찬 수를 줄이거나 아니면 이 식당처럼 1인분은 돈을 조금 더 받는 형태로 밥 좀 편히 먹을 수 있는 식당이 늘었으면 좋겠다.

오랫동안 동네와 함께하는 식당이 있다. 그런 식당이 중식당이라면 낯선 동네라도 왠지 모르게 정이 간다. 그리고 가능하면 짜장면이

유화식당

동일반점

라도 한 그릇 해야 마음이 흡족해진다. 사천에도 그런 중식당이 있다. 동일반점이다. 사천이 처가인 후배 소개로 시장 구경하다가 2시 반경 식당을 찾았다. 그 시간이면 얼추 점심 손님이 빠져 호젓하게 혼밥을 즐길 수 있는 시간이지만 못 먹었다. 점심 장사를 끝낸 주방장 겸 사장님이 일 보러 나갔다 한다. 테이블 4개뿐인 홀을 지키는 할머니가 "우린 6시 전에 문 닫아" 하길래 "네" 대답하고는 5시에 다시 와서 맛을 봤다.

"간짜장, 비빔짬뽕밥, 볶음밥 추천요" 중식 메뉴의 영원한 딜레마, 짜장이냐 짬뽕을 넘어서는, 갈등 폭발시키는 후배의 문자에 이러지도 저러지도 못하다가 볶음밥을 주문했다. 잘 볶은 볶음밥과 영원한 단짝 계란탕까지 더해진 맛드러진 한 상이 차려졌다. 밥 먹으면서 슬쩍 본 짬뽕. 옳지, 다음에는 짬뽕이다.

상점 정보

- 선미해장국 **주소** 경상남도 사천시 서부시장길 19-3 **전화** 055-833-9559
- 유화식당 **주소** 경상남도 사천시 축동면 길평길 24 흙담 **전화** 055-854-3305
- 동일반점 **주소** 경상남도 사천시 망산1길 3 **전화** 055-833-2163

봄

이제부터 창원에서는 아구찜 대신 복불고기

4년 전 대구 취재차 창원을 찾았다. 정확하게는 창원시 진해구에 위치한 용원항(용원수산시장)이다. 올해 오십인 나로서는 진해구보다는 진해시가 입에 더 잘 맞는다. 창원, 마산, 진해 세 곳이 모여 창원시로 통합됐어도 머릿속은 아직이다. 예전에 충무시가 통영시가 되었을 때도 오랫동안 혼자서는 충무시로 불렀다.

겨울이 되면 진해만에 진객이 찾아온다. 치어 방류 사업과 철저한 금어기를 통해 어획량이 눈에 띄게 증가한 대구가 주인공이다. 대구는 1월 중순과 2월 중순 사이 한 달간 금어기다. 금어기에는 대구를 잡을 수 없지만 거제 외포항과 진해 용원항은 인공산란을 위한 포획은 가능하다. 다른 곳에서 생대구 보기 힘들 때 이 두 항구에서만큼은 볼 수 있다.

2천 원으로 겨울 끄트머리 달곰한 맛을 샀다.

4와 9가 들어간 날에 열리는 창원상남시장오일장을 구경삼아 다녀왔다. 창원상남시장은 상설 시장으로 주변에 백화점을 비롯한 상업 시설과 빌딩이 모여 있다. 지하 1층, 지상 1층은 상점가이고 2층에는 커다란 쇼핑몰 푸드코트처럼 다양한 메뉴의 식당이 모여 있다. 오일장은 마당 넓은 주차장 입구부터 시작해 상설 시장을 감싸듯 열린다.

시장을 한 바퀴 돌면 그 시점의 제철, 혹은 가장 많이 나오는 식재료를 쉽게 알 수 있다. 가장 '핫'하기에 좌판에서 쉽사리 찾아볼 수 있고, 가장 많이 사고 판다. 2월 초순, 바다는 굴, 파래, 감태, 미역 등이라면 육지는 딸기와 시금치다.

시금치로 유명한 곳으로 경상북도 포항, 전라남도 신안을 꼽는다. 포항의 것은 포항초, 신안 것은 섬초로 팔린다. 오일장 좌판에도 포항, 신안 것이 많다. 두 지역 외에도 남해, 진주, 창원 것도 간간이 보였다.

창원오일장

2월에 나는 노지 재배 시금치는 산지와 상관없이 찬 바람이 설탕을 친 듯 달곰하다. 한겨울 맛있는 시금치는 납작하고 거무칙칙하다. 정상적인 노지 시금치의 모양새다. 채소 고를 때 모양 예쁘고, 반듯한 것을 고르는 것이 요령이라고 한다. 하지만 요령 혹은 팁으로 가장한 가짜 뉴스다. 모양 예쁘고 반듯한 것과 맛있는 것은 아무런 상관이 없다. 한겨울 노지에서 나오는 것은 추위를 이겨내기 위해 단맛을 채우고, 찬 바람과 맞서다 보면 어느새 검은빛 나는 진한 녹색의 시금치가 된다. 참고로 시금치를 다듬을 때는 뿌리만 제거해야 한다. 뿌리와 잎이 연결되는 분홍색 부분은 버리면 안 된다. 건강에 좋은 미네랄이 그 부분에 몰려 있다. 버리면 나만 손해다.

시금치를 보니 잡채 좋아하시는 어머니가 생각났다. 시금치 넣은 김밥을 무척이나 싫어했던 어린 시절도 따라 생각났다. 상설 시장 입구 좌판에서 다른 것보다 이파리가 작고 진한 녹색 시금치 더미 두 개가 눈에 띄었다. 거무칙칙한 색깔이 참 맛나 보였다. "할머니 얼마예요?" "2천 원. 고사리도 좋은데, 새벽에 삶아왔어" "시금치만 주세요, 할머니 어디서 오셨어요?" "창녕. 아침에 버스 타고 왔어" 시금치는 집으로 돌아와서 잡채가, 김밥이 되었다. 살짝 데친 시금치의 맛은 예상대로 달곰했다.

시장에 나온 생선 중에서 눈에 띄는 것이 있었다. 흔히 민어, 조기라 판매하는 영상가이석태다. 상남시장뿐만 아니라 마산어시장에서 가장 눈에 띄는 생선이다. 영상가이석태는 부세, 민어, 참조기, 수조기 등과 같이 민어과 생선이다. 같은 민어과 생선이라고 해도 부세, 민어, 조기와 사는 곳이 다르다. 민어, 조기는 서해와 제주 남부 해역을 회유하는 어종이다. 영상가이석태는 한반도에서 멀리 떨어진 서아프리

석태

카 해역이 원산지다. 영상가이석태 말고도 침조기라 부르는 긴가이석태의 원산지도 똑같이 아프리카다. 영상가이석태를 민어, 조기라 판매하는 이유는 단순하다. 두 어종이 비싸기 때문이다. 이름 그대로 판매를 해야 하지만 과거의 잘못된 관습을 그대로 답습하고 있다. 민어, 조기가 아니라 영상가이석태로 불러야 한다. 석태의 맛은 흰살생선답게 비린내가 적고 맛은 담백하다. 매운탕, 구이로도 다른 흰살생선과 견주어 떨어지지 않는다.

마산을 몇 번 갔지만 아귀찜 먹은 적이 없다. 이번에는 먹을까 하다가 아귀를 먹긴 했지만 수육으로 먹었다. '나야아구'란 집이다. 아귀는 우리나라 모든 바다에서 잡힌다. 대구 어획할 때 아귀도 많이 잡히기에 용원항 대구 판매대에서 몇 킬로그램 나가는 커다란 아귀도

나야아구

심심치 않게 볼 수 있다. 아귀는 사시사철 난다. 반건조한 아구찜도 사시사철 먹을 수 있지만 아귀 수육은 지금 아니면 제맛이 나지 않는다. 아귀 수육에서 가장 맛있는 부위는 내장이다. 내장은 위와 간 두 가지가 나온다. 녹진한 간의 맛도 괜찮지만 쫄깃하고 고소한 아귀 위보다는 두 수 아래다. 그다음이 껍질이고 가장 맛없는 부위가 살이다. 내장을 먹고 나면 쫄깃했던 살맛은 살 '따위'가 된다. 아귀 수육의 맛이 열 냥이면 그중에 위가 다섯 냥, 간이 석 냥이다. 나머지는 껍질과 살이다. 누구랑 같이 간다면 먹기 좋은 살은 배려 깊은 척 건너편에 먼저 덜어 준다. 내 접시에는 살도 없는 내장을 콩나물과 함께 쌓아 놓고 먹는 것이 아귀 수육 먹는 방법이다. 선심 쓰듯 간이 최고라 이야기하면서 말이다.

저녁으로는 아귀찜을 먹을까 하다가 복불고기를 선택했다. 겨울이면 맛이 최고조가 되는 복의 유혹이 더 강렬했다. 12월부터 이듬해 3월까지가 복 먹기에 가장 좋은 계절이다. 잡히는 양도 많거니와 제철이다. 마산어시장 주변에 복요리 전문점이 몰려 있다. 튀김, 탕, 회, 불고기 등 다양한 복요리를 맛볼 수 있다. 복 거리 바로 옆이 아귀찜 거리다. 아귀찜 외에도 1959년에 창업한 빵집 '고려당'의 빵을 비롯해 다양한 음식을 즐길 수 있다. 반건한 아귀찜을 먹으러 가다가 주차장 너머 간판에 홀리듯 빨려 들어갔다. 복불고기를 전문으로 하는 식당인데 상호가 '나들이'다. "낮에도 아귀 먹었으니 복이 좋겠지" 혼잣말하고는 목적지를 바꿨다. 들어가기 전 식당 메뉴를 보니 다른 것은 안 보이고 복불고기만 한다. 출장이든 여행이든 메뉴가 단출한 식당 치고 맛없는 곳은 없었다. 서울에서 먹어 봤던 복불고기는 철판이나 프라이팬에 볶아 먹는 형태였지만 여기는 숯불구이였다. 소금구이와 양념구이를 주문했다. 숯불에 빠르게 구워낸 복어 살맛이 별미다. 전골식으로 하는 불고기와는 맛의 결이 다르다. 찍어 먹는 소스로는 간장과 식초, 유자 소스와 참기름장이 나온다. 소금구이는 새콤한 소스에 양념구이는 고소한 기름장에 찍어야 제맛을 본다. 개인 취향에 따라 다르겠지만 소스를 바꾸면 맛이 반감된다. 따로 매운탕이나 맑은탕도 있지만 복불고기에 곁들이는 음식 정도다.

마산의 서남쪽 진동면 고현은 미더덕 생산지다. 우리나라에서 소비하는 미더덕의 대부분을 생산한다. 작은 고현 포구에 가면 미더덕을 전문으로 하는 식당 몇 군데가 있다. 비빔밥, 무침, 회 등으로 다양하게 맛볼 수 있다. 미더덕은 나물처럼 봄이 주는 선물이다. 엄밀히 말하면 겨울 바다가 주는 선물이다. 미더덕은 3월과 4월이 제철이다. 육지는 봄이지만 바다는 여전히 겨울이다. 음력 2월, 보통 양력 3월이 바다의 영등철로 수온이 가장 낮은 시기다. 영등철을 지나야 비로소 바다의 수온이 올라가며 봄이 온다. 봄철이 아니면 미더덕은 냉동했다가 사용한다.

오일장에 미더덕이 나오기는 했지만 아직 적었기에 미더덕 대신 반건 생선구이를 선택했다. '주홍정'이라는 가게다. 대구, 참조기, 감성돔 그리고 명랑. 명랑은 무엇인가 싶어 물어보니 명랑이 명랑이지

나들이

주홍정

다른 이름은 모른다고 한다. 흰살생선 같은 맛과 모양새지만 일반적인 생선과 꼬리지느러미가 달랐다. 미거지나 물메기와 비슷한 모양이었다. 남쪽 바다에서 이런 꼬리지느러미 모양을 가진 생선 중에 붉은메기가 있다. 붉은메기 말린 것을 구운 것이 생맥주 안주의 최고봉 나막스다. 명랑이든 붉은메기든 이름은 중요하지 않았다. 생선구이로 나온 네 가지 중에서 가장 맛있었다. 먹다 보니 참조기는 맛만 보고 그대로 남겼다. 그만큼 다른 생선이 맛났다는 말이다. 생선 양이 많았기에 그중에서 가장 맛없는 것이 남았다.

겨울과 봄 사이 창원의 제철 식재료는 대구, 복어, 아귀다. 산란을 위해 살을 찌우는 붕장어도 맛있다. 출장이나 여행가면 유명한 음식보다는 제철 음식을 우선 선택한다. 제철 식재료는 갖은 양념보다는 간단한 양념이 더 맛있다. 제철을 찾으면 조금 더 맛있는 여행이 된다.

상점 정보

- 나야아구 **주소** 경상남도 창원시 마산합포구 어시장8길 84 **전화** 055-246-1514
- 나들이 **주소** 경상남도 창원시 마산합포구 오동남2길 17-1 **전화** 055-246-9011
- 주홍정 **주소** 경상남도 창원시 마산합포구 진동면 미더덕로 349-1 **전화** 055-271-2266

경상북도 경주

가을

추석이 다가올수록 더 달콤해지는 노오란 햇배의 유혹

하늘은 높아질, 벼는 고개 숙일 준비를 해도 9월의 바다는 여전히 좋다.

계절이 바뀌었다. 여전히 낮은 덥지만, 그래도 계절은 가을이다. 경주로 떠났다. 경주 가는 길에 군침이 돌았다. 달콤한 햇배가 시장에 나왔기 때문이다. 경주, 울산, 포항 등 경상북도에서는 추석 전에 다양한 종류의 배가 나온다. 우리는 명절이면 배를 산다. 보통은 신고배. 가장 많이 찾는 품종이다. 껍질 두껍고, 서걱거리는 석세포에 적당한 단맛이 있다. 크기가 크고 껍질이 단단해 보관하기 좋다. 반면에 껍질을 까야 먹을 수 있는 단점도 있다. 9월이면 신화, 원황, 황금배가 시장에 나온다. 늦여름과 가을 사이에 나오는 배는 신고배와 전혀 다른 맛과

향이 있다. 일단은 껍질이 얇다. 과일은 껍질에 모든 향이 있다. 과육은 단맛밖에 없다. 과육은 껍질과 같이 먹을 때 비로소 자신을 드러낸다. 또 한 가지, 초가을에 나는 배의 특성은 과즙이 많다는 것. 신고배 또한 적지는 않지만, 초가을 배에 비하면 없는 거나 마찬가지다. 껍질이 얇아 향 즐기기에 좋은 대신 얇은 껍질과 풍부한 과즙 덕에 단단했던 과육이 빠르게 무르기 시작한다. 초가을에 먹어야 할 것은 전어보다 배다. 맛으로 따지자면 전어는 늦가을이다.

안강시장에 도착하자마자 배부터 찾았다. 쉽게 찾을 수가 없었다. 파는 이와 사는 이가 차고 넘쳤다. 생각했던 것보다 오일장 규모가 컸다. 출발하기 전, 경주의 오일장 날짜를 보려고 검색했다. 제일 먼저 안강시장이 떴다. 29일이 장날. 다른 일정이 없는 날이기에 출장 일정을 잡았다. 7~8월 사이 제대로 된 시장 구경을 못 했다. 더위에 녹아내린 시장 분위기에 취재할 맛도 안 났다. 그런데 나중에 자세히 알아보니 경주 시내가 아니라 조금 떨어진 읍장이었다. 일정을 바꿀까 하다가 그냥 진행했다. 시장에 와보니 검색했을 때 왜 안강시장이 제일 처음 나오는지 읍내 입구에서부터 알 것 같았다. 9시 조금 넘어 안강 읍내에 도착했지만, 차가 밀렸다. 시장은 벌써 홍이 넘쳤다. 생각 이상으로 규모가 컸거니와 파는 이 목소리에 힘이 넘쳤다. 장사가 된다는 방증이다. 상설 시장 앞으로 장이 펼쳐져 있고 좁은 골목과 큰 대로 사이에 장이 섰다. 아마도 안강읍의 위치가 영천, 포항, 경주 세 곳의 중심점이라서 그런 듯싶었다.

안강시장

여름을 보내는 가을비가 오락가락 내리고 있었다. 가을을 알리는 작물이 많이 나와 있었다. 여기서는 기다란 토란대를 자르고, 저기서는 연근이 어서 팔리기를 기다렸다. 그 옆은 우엉이 가만히 자리 잡고 있었다. 바닥은 이미 도라지와 더덕 차지였다. 가을에 맛이 빛나는 것들이다. 토란대는 껍질 까서는 살짝 데친다. 그렇게 데쳐 나물로도 먹지만, 말려서 묵나물을 해놓으면 든든하다. 시장 구경 다니다가 배를 발견했다. 보니 신고배다. 신고는 10월이 넘어야 제맛이 든다. 이 시기의 신고는 무늬만 '배'다.

한 바퀴를 거의 다 돌 무렵, 영덕에서 생산한 배를 가지고 온 이가 장사판을 펴고 있었다. 자세히 보니 원황. 반가운 마음에 사진을 찍고

이따 오겠다 하고는 시장을 한 바퀴 돌고 다시 가니 배는 없었다. 그 사이 다 팔린 것이다. 몇 박스 있길래 안심했고, 방심했다. 골목 안을 뒤져 겨우 살 수 있었다. 제대로 익은 홍로를 비롯해 햇사과가 유혹했지만, 달곰한 과즙으로 꽉 찬 배를 이기지 못했다.

시장 구경을 끝내고 밥을 먹으러 갔다. 경주는 보리의 고장. 보리빵이 있어서 보리의 고장이라 예상하지만, 아니다. 보리의 고장이라서 보리빵이 탄생했다. 경주 건천읍이 이름난 보리 생산지라서 좋은 찰보리가 많이 나온다. 예전에는 보리쌀을 미리 삶아서 밥을 해야 했다. 최근에 나오는 찰보리는 쌀과 같이 밥을 해도 될 정도로 찰기가 있다. 찰보리는 품종에 따라서 아밀로스 함량이 2~10%다. 참고로 찹쌀의 아밀로스 함량은 0%에 가깝다. 아밀로스가 적을수록 찰지다. 이런 까닭에 예전처럼 입안에서 통통 튀던 보리밥은 만나기 힘들다.

경주 전역에 꽤 많은 보리밥집이 있다. 한 상 가득 나오는 곳이 대부분. 보리밥이라는 게 한 상 가득 받아도 좋지만 그럴 필요성을 못 느낀다. 찬으로 나온 나물에 된장찌개 넣고 쓱쓱 비벼 먹는 것이 보리밥의 맛이다. 무게 잡고 먹으면 맛이 어색해진다. 안강읍에는 여기에 딱 맞는 보리밥집이 있다. 이름하여 추억의보리밥. 1인분에 7천 원. 한 상 가득 나오지 않고 오래된 쟁반에 여러 가지 나물이 담겨 나온다. 양재기에 담긴 보리밥에 나물, 고추장을 넣고 비비면 맛있는 보리밥 완성이다. 찌개는 따로 먹어도 좋지만, 먹을 때마다 한 숟가락씩 국물 떠서 비벼 먹으면 또 다른 맛이다. 고기나 생선 없이 먹어도 "잘 먹었

추억의보리밥

다" 소리가 절로 나오는 곳이다.

경주 감포읍은 가끔 출장 가던 곳이다. 겨울이면 과메기나 미역 때문에도 갔지만, 좋은 액젓 공장이 감포에 있다. 사실 액젓은 조미료다. 조미료라 하면 MSG만 생각하지만, 음식에 맛을 더하는 것이 조미료다. MSG는 조미료의 한 종류일 뿐이다. 액젓으로 맛을 내면 감칠맛이 풍부해진다. 특히 꽁치액젓을 멸치액젓과 섞은 것은 또 다른 매력이 있다. 김명수젓갈에서 구매 가능하다.

감포에 가면 항상 국수 한 그릇 하고 온다. 지역에서 나는 가자미회로 만든 회국수다. 오래된 두 집이 나란히 붙어 있다. 이번에 찾은 곳은 할매횟집. 날이 더울 때 시원한 맛에 많이들 찾지만, 사실 여름이 회국수나 물회가 가장 맛없는 시기다. 회도 그렇거니와 채소의 단맛이 없다. 회국수와 물회가 가장 맛있는 시기는 늦가을부터 이듬해 봄이다. 시원한 맛에 먹고자 하면 상관없지만 말이다. 국수를 주문하

할매횟집

면 회와 채소가 비슷한 양이 나온다. 채소 속에 살짝 회를 올린 것이 아니다. 그냥 듬뿍 들어 있다. 고추장에 비벼 먹다가 같이 나온 국물을 마시면 입에 착 감기는 감칠맛에 반한다. 처음에는 게를 넣어서 끓였나 생각했다. 계산하며 물어보니 말린 민물새우를 넣고 국물 내서 그렇다고 한다. 겨울에 민물새우 넣은 국물에 국수를 말아도 좋을 듯싶었다. 제철 맞은 시금치를 고명으로 해서 말이다.

뭉티기, 생고기, 육사시미는 같은 음식을 가리키지만, 지역에 따라 부르는 것은 제각각이다. 뭉티기는 경상북도에서, 생고기는 전라도 지방에서 부르는 이름이다. 표준어가 있으면 좋겠지만 아직은 없다. 뭉티기는 신선해야 한다. 사후경직이 일어나기 전의 고기여야 제맛이 난다. 배, 참기름, 간장, 다진 마늘로 양념해서 무친 것을 육회라 부르는데 육회는 어제 팔고 남은 고기를 쓴다. 소를 잡으면 24시간을 도축장에서 계류해야 한다. 항생제, 미생물 검사 등을 하고 나서 소분장으로 가도록 법으로 정해져 있다. 하지만 예외가 있다. 뭉티기용 고기는 당일 출고가 가능하다. 그래서 소를 잡지 않는 휴일이나, 일요일에는 뭉티기가 없다.

뭉티기용 고기는 주로 기름기와 근육량이 적은 부위다. 엉덩이 살을 주로 뭉티기로 사용하지만, 사실 소고기는 모두 뭉티기로 가능하다. 기존에 먹어본 뭉티기는 차돌 뭉티기였다. 쫄깃한 맛이 일품이었다. 따로 먹은 것은 아니고 도축장 갔다가 작업할 때 맛보기로 봤었다. 그다음이 등심에 있는 새우살. 소금도 없이 그냥 먹어보라는 말에 입

쇠전뭉티기

에 넣고 오물오물 씹었다. 의외로 간이 딱 맞았다. 모든 부위를 뭉티기용으로 쓸 수 있다. 그렇게 하지 않을 뿐이다.

경주 '쇠전뭉티기'에서 의외의 뭉티기 소스를 만났다. 간장과 액젓, 그리고 청양고추를 넣고 만든 것이었다. 한 번 맛보고는 원래의 소스와 마늘, 고추장, 참기름을 옆으로 밀어냈다. 앞서 이야기한 것처럼 조미료인 액젓을 잘 사용해 조미하고 있었다. 소고기가 가진 감칠맛에 핵산계 감칠맛인 액젓이 더해지니 맛이 끝내줬다.

상점 정보

- 추억의보리밥 **주소** 경상북도 경주시 안강읍 안현로 1509-1 **전화** 054-762-2102
- 김명수젓갈 **주소** 경상북도 경주시 감포읍 동해안로 2050 **전화** 054-744-3536
- 할매횟집 **주소** 경상북도 경주시 감포읍 동해안로 2044 **전화** 054-744-3411
- 쇠전뭉티기 **주소** 경상북도 경주시 금성로259번길 25 **전화** 054-741-8968

가을

낙동강 머금은 은어 한 점에 솔향 품은 불고기 한 입

가을이라 어디로 떠나든 입과 눈이 즐겁다. 여름을 견디고 이겨 낸 식재료가 찬 바람이 불면 단맛이 든다. 9월, 여름 작물은 끝이 보이고, 가을 것은 이제 기미가 조금 보인다. 가을 진미 버섯이 나왔을까 싶어 경상북도 봉화로 떠났다.

봉화는 예전부터 은어 때문에 출장 일정을 잡아야지 마음만 먹었던 곳이다. 은어는 1년을 산다. 늦가을에 태어나 이듬해 가을에 산란과 함께 생을 마감한다. 일본의 양식장에서는 해를 넘기는 예도 있다고 하나 대부분 1년생이다. 낙동강 최상류에 위치한 봉화는 깨끗한 물에 사는 은어를 양식하기에는 더할 나위 없이 좋은 곳이다. 봄에 전라남도 광양에서 치어를 들여와 사육한다. 수차를 돌리면 물이 빠르게 흐른다. 양식장 내부에 막히지 않은 격벽이 있어 은어는 물흐름에 따라 자연스레 순환한다. 그 덕에 지방이 적고 담백하게 자란다. 일식

집 등 고급 식당에서 먹는 은어 대부분이 이런 식으로 양식한 것이다. 강변 횟집에 살아 움직이는 은어 또한 그렇다. '봉화은어'에서 장모님 드릴 생각으로 은어를 포장했다. 얼음 담긴 물속에 은어를 집어넣고 잠시 있으니 기절한다. 숨만 껄떡거리는 녀석을 아이스박스에 포장해 왔다. 서울 등 대도시 식당에도 이런 식으로 택배를 보낸다고 한다. 킬로그램 당 2만 원 조금 넘는다. 생각보다 저렴했다.

봉화군은 지형이 타원형에 가깝다. 어디를 가든 중심부에서 그리 멀지 않다. 다른 지역은 상하, 혹은 좌우로 멀게는 60~70km 떨어진 곳이 태반이다. 그런 봉화의 중심이 춘양면이다. '억지 춘양'이라는 커다란 간판이 붙어 있는 봉화시장에서 4, 9일이 든 날에 오일장이 선다. 억지 춘양과 관련한 여러 이야기가 많다. 역을 돌려서, 춘양목이 아닌 것을 춘양목으로 팔았기 때문에 혹은 성춘향과 관련한 이야기들이 전해진다. 모든 게 '썰'(그런, 우리말은 없다. 조항범, 태학사)이라고 한다. 어찌 됐든 억지로 무엇인가 하면 동티 나는 것은 맞다. 순리대로 살아야 한다.

가는 계절, 오는 계절을 막을 수 없기에 장터는 시간 순리대로 흐른다. 이쯤이면 얼추 나왔겠다 생각한 버섯이 아직이다. 2년 전 괴산 청천시장에서는 송이며 싸리버섯 등 각종 버섯 구경을 했었다. 비슷한 시기인지라 내심 기대했다. 바람은 바람일 뿐 버섯의 계절은 이제 막 시작이었다. 송이가 눈에 띈다. 어제 은어 양식장에서 들은 이야기로는 지금 나오는 송이는 여름 송이라고 한다. 송이다운 모양새지만 향이나 식감이 물렁하다고 한다. 송이 맛은 가장 떨어지면서 가격만 높을 때가 추석 전이다. 슬슬 가격이 급하게 오르다가 1kg에 50만 원이 훌쩍 넘는다. 그러던 것이 추석 지나면 반값으로 내려가고 맛은 배 이상 좋아진다. 선물용이라면 맛있을 때 보내야 하는데 뇌물용이기에 상관없이 보내는 것 아닌가 싶다. 값만 비싼 능이와 송이는 지나치고 소위 잡버섯이라 퉁쳐서 부르는 버섯을 샀다. 잡버섯이지만 각각 이름이 있다. 땅지버섯, 혹은 만송이버섯, 만가닥버섯이라고 부르기도 하는데 진짜 이름은 땅지만가닥버섯이다. 독특한 향이 있고 감칠맛이 좋다. 향만 좋은 송이와 달리 씹을수록 감칠맛이 난다. 가격은 송이와 비교할 수 없을 정도로 저렴하다. 1kg에 만 원에서 2만 원 사이다. 싸리버섯도 나왔지만, 시장에 나온 땅지버섯만 샀다. 나중에 요리해서 먹어 보니 다른 버섯은 앞으로도 사서 먹을 일이 없을 듯싶었다. 향이나 맛이 끝내줬다.

버섯 바구니 옆에 알밤 바구니와 배추가 있었다. 가을 먹거리 3종이다. 밤은 아직 이르다. 모양은 그럴듯해도 단맛이 들지 않았다. 수확하고 적어도 보름 이상 숙성해야 한다. 그래야 단맛도, 감칠맛도 증가한다. 햇것이라고 다 맛있는 것은 아니다. 고구마도 마찬가지다.

억지춘양시장 입구에 빵집이 있다. 우리 밀을 직접 농사짓고 천연 발효종으로 빵을 굽는다. 천연 발효종은 특별한 것이 아니다. 밀가루에 물을 더해 따듯한 곳에 두면 유산균, 효모 등이 활동을 시작한다. 우리 눈에 보이지 않지만, 공기 중에 떠다니는 것들이 자리 잡고 발효

◀: 다양한 야생 버섯을 기대했지만 땅지만가닥 버섯만 있었다.

춘양빵집

예천가든, 희망정

한다. 이렇게 만든 것이 천연 발효종. 춘양빵집에서는 여기에 물과 밀가루만 더해 빵을 만든다. 빵을 그냥 먹으면 시큼하다. 별맛이 없다. 잼을 더하면 비로소 빵에서 맛이 나기 시작한다. "잼 맛 아냐?" 맞다. 다만 빵이 가지고 있는 신맛이 잼의 단맛과 만나 조화를 이룬다. 밋밋한 맛의 빵에서는 나지 않는 맛이다. 이스트로 한다면 빠르게 빵을 만든다. 천연 발효종은 그에 비해 느리다. 주인장이 새벽 3시에 출근해도 첫 빵은 10시에 나온다.

봉화에는 닭과 돼지고기로 하는 불고기거리가 있다. 우선 봉성면에 있는 봉성돼지숯불단지. 우시장이 있던 시절, 봉성면에는 큰 규모의 장이 섰다고 한다. 시장에 오는 이들 대상으로 장사를 했다. 우시장이 사라지니 장터는 명맥만 유지한다. 장터의 명성은 사라졌어도 음식은 남았다. 불고기거리에서는 고기 구울 때 사용하는 참숯을 사용하지 않는다. 참숯보다 화력은 세지 않아도 고기 굽기 적당한 소나무 숯을 사용한다. 구우면서 솔잎도 같이 구워 향을 더한다. '희망정'의 돼지구이는 소금구이 혹은 양념구이 두 개의 메뉴만 있다. 두 메뉴 모두 2인분 이상부터 주문 가능하다. 둘이 갔어도 반반이 안된다.

이와 필적하는 메뉴가 '예천가든'의 닭불고기다. 껍질째 살을 발라내고 매콤하게 양념한다. 석쇠에 올리고는 숯불에 구워서 나온다. 매콤한 맛과 숯 향이 더해져 밥도둑이다. 예천가든은 다덕약수관광지에 있다. 식사 후 다덕약수의 알싸한 맛으로 입가심하면 좋다.

산이 높고 물 맑은 봉화에는 송어 양식장이 꽤 많다. 그 덕에 신선한 송어 찾기가 어렵지 않다. 송어 양식하는 곳에서 여름 한정으로 은어 요리를 내기도 한다. 봉화에 갔으니 송어 선택이 당연하겠지만, 개인적으로 붉은빛 도는 생선을 즐기지 않는다. 은어회에 소주 한잔할 생각으로 도촌송어회식당을 찾았다. 아쉽게도 은어회는 여름이 끝나면서 시즌 아웃. 다음 기회로 미뤘다. 사실 지금이 가장 수온이 높으므로 은어 맛이 좋을 때다. 하지만 나 빼고는 찾지 않으니 더 판매하지 않는다고 한다. 대신 구이나 조림, 튀김은 가능하다고 해서 구이로 주문했다. 재작년 안동오일장에서 조림은 먹어 봤다. 잠시 후 굵은 소금 뿌려 구운 은어구이가 나왔다. 반찬 세 가지와 함께 말이다. 딱 좋아하는 차림이다. 쓸데없는 반찬보다 주요리에 힘을 제대로 실었다. 은어구이 열 마리 한 접시 2만 5천 원. 마리당 2천 500원꼴이다. 담백하고 끝에는 단맛이 돋는 살맛에 굵은 소금 알갱이가 심심함을 없앤다.

도촌송어회식당

재료가 좋으니 맛이 없을 수가 없다.

봉화에서 먹는 평양냉면 맛은 어떨까? 궁금해서 먹어 봤다. 읍내에 있는 식당까지 갔다가 문 앞에서 잠시 주저했다. 맛이 이상하지 않을까 싶었다. 간혹 평양냉면이라 해놓고 함흥식 면에 육수만 평양식으로 한 식당이 있기 때문이다. 식당 앞에 걸린 사진과 수육까지 있는 메뉴판을 믿고 칠보각이라는 식당에 자리 잡았다. 나온 물냉면을 보니 모양새는 일단 합격. 겨자와 식초를 타고 육수를 마셔보니 "오" 소리가 난다. 면은 메밀 함량 80%. 식초와 겨자를 탄 육수와 함께 먹다보니 바닥이 금세 드러났다. 서울에서 장사해도 잘 될 듯한 맛이었다. 가격도 9천 원으로 근처를 지난다면 꼭 가서 먹을 맛이다. 9월에 제일 잘한 일이 이 냉면집 문 열고 들어간 일이 아닌가 싶다.

상점 정보

- 봉화은어 **주소** 경상북도 봉화군 봉성면 다덕로 480-64 **전화** 054-672-8778
- 춘양빵집 **주소** 경상북도 봉화군 춘양면 의양로 74 **전화** 070-7303-2937
- 희망정 **주소** 경상북도 봉화군 봉성면 봉명로 564 **전화** 054-672-9046
- 예천가든 **주소** 경상북도 봉화군 봉성면 진의실길 4 **전화** 054-672-8911
- 도촌송어회식당 **주소** 경상북도 봉화군 봉화읍 마냉이길 48 **전화** 054-672-0567
- 칠보각 **주소** 경상북도 봉화군 봉화읍 내성로 96-1 **전화** 054-672-2779

경상남도 함양

가을

빨갛게 물든 아오리사과 한 입에 잊게 되는 파란 사과의 기억

함양 개평마을 전경

한낮의 더위는 여전히 맹렬했다. 아스팔트 위에 계란프라이를 할 수 있지 않을까 할 정도로 뜨거웠다. 그럼에도 계절은 말리는 고추 위에서, 시장에 나온 파란 아오리사과 더미에서 밀려가고 있었다. 태백으로, 정선으로 다니며 여름을 어떻게 보내나 했지만, 계절이 가고 있었다. 1박 2일, 경상남도 함양으로 떠났다.

함양은 지리산과 덕유산 자락 사이에 있다. 무주를 넘어 함양으로 향하면 서상이 나온다. 이어 서하, 안의, 수동면으로 이어지며 해발고도가 낮아진다. 사과 사러 서상과 서하를 다니던 기억이 가물가물하다. 벌써 10년 전 이야기다. 함양은 예부터 지리산을 끼고 있는 사과

산지 중에서도 으뜸의 사과가 났다. 특히 해발고도가 높은 서상의 사과는 당도가 좋고, 아삭함이 기가 막히다.

시장을 가기 위해 지곡나들목에서 나와 안의면으로 갔다. 원래 계획이라면 2일과 7일에 오일장이 열리는 함양 읍내로 가야 하나, 일정이 꼬이고 꼬여 차선(次善)으로 안의면 오일장을 선택했다. 군에서 열리는 오일장과 면 단위의 오일장은 규모가 다르다. 상인 수는 군 단위 장과 비교해 1/10 이하다. 딱 있을 것만 있다. 사실 안의면을 선택한 것은 토종약초시장도 같이 열린다는 함양군 홈페이지 안내도 한몫을 했다. 약초시장도 열린다면 그나마 괜찮지 않을까 했는데 역시나 면 단위 오일장다웠다. 아는 이들끼리 삼삼오오 이곳저곳 모여 있는 것이 다였다. 번듯한 약초시장 건물은 있었지만, 있었을 뿐이다. 시장이라는 게 물건과 사람이 모여야 한다. 약초시장이라 건물 지어 준다고 사람이, 상품이 모이지 않는다. 일시적인 관심은 예산 낭비만 할 뿐. 꾸준히 해도 될까 말까 한 것이 시장 형성이다. 지치지 않는 지원과 관심만이 답이다.

사과 산지답게 아오리사과가 시선을 끌고 있었다. 예전에 아오리는 여름 시작과 함께 손수레에 실려 있었다. 대표적인 여름 사과로 알고 있었고, 그렇게 팔았다. 파란 사과로 말이다. 사과는 익으면서 색이 변한다. 빨갛게, 때로는 노랗게 말이다. 파랗게도 익지만 아오리는 아니다. 예전에 6월에 먹었던 아오리는 풋사과였다. 여물까 말까 할 때 덜 여문 것을 따서 팔았다. '아오리는 원래 파래요'라 하며 팔았다. 거

아오리사과

짓말이다. 빨갛게 물든 아오리는 더 맛있다. 신맛이 득세해도 단맛이 빗자루로 신맛을 쓸어버리듯 입안에서 치운다. 파랬던 아오리의 기억은 빨간 아오리를 먹는 순간 잊는다. 아오리를 일찍부터 팔았던 이유는 그나마 파란 것을 먹어도 다른 것보다 단맛이 있었기 때문이다. 아오리사과를 고른다면 한 쪽이 빨간색이 도는 녀석으로 골라야 한다. 색이 너무 돌아도 좋지 않다. 조생종 사과는 저장성이 약해 금세 무르기 때문이다. 이는 배도 마찬가지다.

오일장에서 사과 다음으로 많은 게 제피다. 아예 고추 말리듯 장터 한편에서 산에서 딴 제피를 말리고 있었다. 또 다른 한쪽에서는 제피와 껍질을 분리하고 있었다. 작은 제피 알갱이를 모아 빻으면 훌륭한 향신료가 된다. 추어탕, 어탕에 넣거나 고기 양념할 때 넣으면 풍미가 좋아진다. 나는 집에서 훠궈 소스 만들 때 간혹 사용한다. 제피는 산초와 달리 아린 맛에 신맛이 더해져 맛이 고급스럽다. 제피를 보니 지난 봄 장터에서 산 제피 잎이 생각났다. 여수였나 하동에서 한 바구니 사서 장아찌를 담갔었다. 장아찌 국물을 다시 끓여 넣어 두고는 까맣게 잊고 있었다. 그사이 계절은 봄에서 여름 끄트머리로 왔다.

휴일이라 문을 닫은 지리산함양시장으로 시장기를 다스리러 갔다. 터줏대감처럼 든든하게 시장을 지키는 순댓국 식당이 있다. 병곡식당은 한 자리에서 70년간 순댓국을 팔고 있는 곳으로, 피순대가 특히 유명하다. 피순대는 순대 속을 아주 약간의 채소와 선지로만 채운 것이다. 선지만 넣고 만들었기에 시커먼 순대 모습에 질겁 먼저 한다. 하지만 용기를 내 입에 넣는 순간 부드럽게 풀린다. 고소한 맛이 깔끔한 국물과 잘 어울린다. 피순대를 잘못 만들면 피비린내 나기 십상인데 여기는 그럴 염려가 없었다. 개인적으로 순댓국 선택에서 가장 중요하게 생각하는 게 머릿고기다. 머릿고기 많이 주는 곳을 좋아한다. 순댓국 먹을 때마다 영광버스터미널 근처에 있는 순댓국집을 생각하곤 하는데 여기서만큼은 생각나지 않았다. 잘 삶은 머릿고기며, 내장 또한 맛만큼 풍족하게 들어 있었다. 예전에는 함양 오가다가 수동에서 어탕을 먹거나 안의에서 갈비탕을 먹곤 했다. 출장길에 함양을 지난다면 이제는 순댓국이다. 누군가가 "순댓국 어디가 맛있어요?" 묻는다면 여기 내지는 영광이다.

고소공포증이 있기에 여태껏 집라인은 아예 생각조차 해본 적 없

병곡식당

다. 산등성이 따라 꼬불꼬불 가는 모노레일은 한번 타고 싶었다. 대봉산휴양밸리에 모노레일 타러 갔다가 좌절감을 맛봤다. 평일이라 사람 없겠지, 했는데 매진이었다. 기왕 온 김에 모노레일 타는 입구까지 올라갔다. 비록 타지는 못해도 해발 700m가 넘는 출발장에서 보는 풍경이 시원했다. 가까이 모이는 지리산의 넓은 품이 한눈에 들어왔다. 모노레일이든, 집라인이든 인터넷으로 예약하고 가야 한다.

모노레일은 예약 못 했지만, 빵은 예약을 했다. 대봉산휴양밸리에서 나와 조금만 가면 산속에 자리 잡은 빵집이 있다. '도하'는 함양에서 나는 농산물로 빵을 만드는 곳으로 쌀빵 전문이다. 달걀, 우유, 버터 등을 사용하지 않은 비건 빵만 취급한다. 3년 전 엄마가 먼저 귀촌하고 8개월 전에 딸까지 내려와 같이 빵을 만들고 있다. 전날 예약을 하고 몇 시에 찾으러 오라는 답변대로 찾아가면 된다. 여러 가지 빵 중에서 함양 양파로 만든 빵이 가장 인기 있고, 식빵도 좋지만 내 입맛에는 단팥빵이 더 좋았다. 부드러운 빵 속에 통팥이 가득 들어 있다. 전분기 가득한 팥소가 아니다. 이런 골짜기에 빵집이 있는 것도 신기했는데, 잠시 빵 사고 먹는 사이에 끊이지 않고 손님이 찾아 들고 있었다. 빵집을 나와 도로에서 좌회전하면 대봉산휴양밸리, 우회전하면 드라마 촬영지로 인기가 많은 일두고택이 나온다. 잠시 차를 두고 한갓진 골목을 걸으면 바로 힐링된다.

지리산과 덕유산 자락을 낀 동네에는 흑돼지와 어탕국수가 공통 메뉴다. 흑돼지라고 하면 토종돼지일 듯싶지만 19세기 후반에 들여와 개량한 것들의 후손이다. 옛날에 우리나라에서 키우던 돼지는 지금처럼 크지 않았다. 외국에서 돼지를 들여와 개량한 것이 지금의 흑돼지다. 함양에 왔으니 흑돼지에 소주 한잔 빠트릴 수 없었다. 시내를 걸어 다니다 눈에 띈 '바우석쇠'에 들어갔다. 일단은 가격이 저렴했다. 삼겹살, 목살, 특수 부위 등이 모두 1만 2천 원이었다. 다만 가격은 저렴한 대신 시작은 3인분을 주문해야 했다. 특수 부위를 주문했다. 특수 부위라는 게 특별히 맛있는 부위는 아니다. 특별히 적게 나오는 부위다. 갈매기살, 등심덧살, 항정살, 삼겹살 구성으로 삼겹살이 그중 맛이 제일 없는 부위다. 흑돼지든 백돼지든 비계 부분은 적을수록 좋다. 삼겹에 껍질 붙인 것을 오겹살이라고 한다. 오겹살은 먹는 이 입장에서는 손해다. 껍질은 다른 부위에 비해 가격이 저렴하다. 그런데 껍질

도하

바우석쇠

이 삼겹살 부위에 붙어 있으면 껍질 가격이 아니라 삼겹살 가격이 된다. 게다가 함께 구우면 서로 익는 속도가 다르거니와 익은 정도도 달라 맛이 없다. 돼지고기 먹을 때는 오겹살이 아닌 삼겹살을 주문해야 한다. 굳이 껍질이 당긴다면 따로 주문하는 것이 맞다.

지금껏 다니면서 함양은 스쳐 지났다. 왜 그랬는지 후회가 될 정도로 매력적인 곳이 함양이다. 특히 연꽃이 핀 상림공원은 여름이 가기 전 꼭 가 보길 바란다. 1박 2일 일정으로 일두고택, 대봉산휴양밸리, 상림공원 코스로 짜면 아주 좋다. 덤으로 휴천면 오도재에서 은하수 구경도 좋다.

상점 정보

- 병곡식당 **주소** 경상남도 함양군 함양읍 중앙시장길 2-27 **전화** 055-964-2236
- 도하 **주소** 경상남도 함양군 병곡면 병곡지곡로 422-4 **전화** 010-2154-0032
- 바우석쇠 **주소** 경상남도 함양군 함양읍 용평1길 9 **전화** 055-964-2208

6장

제주도

세화 * 서귀포 * 대정

제주도 제주시 세화

봄

바다 구경 시장 구경 겸사겸사 나들이

세화오일장의 매력은 바다다.
제주의 다른 오일장에서는 볼 수 없는 풍경이다.

고개를 돌리면 하늘과 바다의 서로 다른 푸르름이 다가온다. 제주 세화오일장은 바닷가에서 열린다. 세화오일장은 제주오일장, 서귀포 오일장 다음으로 크게 열리는 오일장이지만 그래도 작다. 서귀포 오일장의 1/5 정도 규모이고 제주오일장하고는 비교조차 안 되는 크기다. 흔히들 작은 시장을 설명할 때 있을 건 다 있다고 한다. 세화오일장도 마찬가지다. 규모는 작아도 있을 건 다 있다. 식당이며 옷, 잡곡, 건강식품, 반찬, 수산물, 간식거리 등 말이다. 있을 건 다 있으면서 세화오일장에만 있는 것도 있다. 푸른 바다가 지척이고, 동네가 있다는

세화오일장

감귤꽃

것이다. 앞선 두 시장은 사람들 사는 곳과는 떨어진 곳에 번듯하게 자리 잡은 시장이라면 세화오일장은 바닷가와 동네 사이에 자리 잡아, 시장 구경을 끝내면 바닷가와 동네를 어슬렁거리는 재미가 있다. 제주에서 열리는 오일장 중에서 경치와 재미로는 '갑 오브 갑'이라 할 수 있다.

사실 제주의 5월은 맛없다. 5월을 계절의 여왕이라 불러도 말이다. 제주에 가기 전 잠시 고민했다. "가면 뭐 먹지?"에 대한 고민이었다. 봄의 중간이기에 나오는 생선이 애매하다. 한림항 경매인에게 혹시나 하고 물어봤다. "뭐가 좀 나와요?" "경매 나오는 게 별로 없네요" 수산물이 애매하면 고기나 먹지 하는 생각과 함께 한 가지 더 가야 할 이유가 생각났다. 바로 감귤꽃 촬영이었다. 5월 즈음이면 서귀포 구석구석에 상큼한 감귤꽃 향이 퍼진다. 가는 곳마다 은은한 향기가 나지만 향기의 주인공은 잘 모를 뿐이다. 향기로운 향과 꿀은 벌을 불러 모은다. 벌이 다니며 수정한 꽃은 꽃잎을 떨구고는 잎사귀처럼 진한 녹색의 감귤이 생긴다. 무더운 여름을 보내고 서리가 내릴 즈음 선물 같은 달콤새콤함을 가득 채운 주홍빛 감귤이 된다. 노지 감귤은 9월부터 나오지만 제맛은 11월부터다. 12월이 지나면서 단맛은 더 쨍해진다. 그사이 눈이라도 내리면 겉은 지저분해져도 맛은 최고가 된다.

오일장 내에서 어물전이 가장 바쁘다. 자리돔을 판매하는 자리가 가장 넓다. 찾는 이가 많다는 방증이다. 작은 녀석은 물회용, 큰 녀석은 구이나 찜용이다. 가파도 보리가 익을 무렵의 자리돔이 가장 맛있다. 6월이 지나 7월이 되면 자리돔 뼈가 억세진다. 많은 이들이 자리

딱새우는 제주 것이 아니다. 제주에서 특화된 남해의 선물이다.

돔 물회를 여름에 즐겨 찾기에 제철을 여름이라 생각한다. 하지만 늦봄의 자리돔 물회를 먹는다면 지금이 제철임을 금세 안다. 자리돔 물회 먹을 때만 제피 잎이 나온다. 한치나 옥돔 물회는 따로 주지 않는다. 자리돔에서 살짝 나는 비린내를 잡기 위해 제피 잎을 넣는다. 제피를 좋아한다면 한치나 옥돔 물회 먹을 때에도 따로 청해서 먹으면 맛이 배가 된다.

5월 제주에서 유명한 것은 고사리다. 늦봄 길게 오는 비를 고사리 장마라고 하는 제주이기에 시장에서 고사리는 쉽게 볼 줄 알았다. 내 생각과 달리 고사리 씨가 말랐다. 기온이 생각보다 낮아 고사리 채취가 늦어진 탓이다.

시장 구경을 끝내고 동네로 나서면 바닷가 주변에 예쁜 카페를 만날 수 있다. 카페 뒤로는 식당과 살림집이 옹기종기 모여 있다. 어슬렁어슬렁 다니다가 노란색 간판을 단 식당이 팍하고 가슴팍에 에로스의 화살처럼 꽂혔다. 대개 느낌대로 들어가면 열에 아홉은 첫사랑처럼 실패한다. 어느 날은 기대 이상의 상대를 만나기도 하는데 오늘이 딱 그날이었다. 제주로 이주한 이가 운영한다. 메뉴판이 참 반가웠다. 늘 지역의 특산물을 먹으려 할 때마다 좌절하곤 했었다. 홀로 가는 출장이 많기에 2인분 이상 주문해야 하는 메뉴에 입맛만 다셨다. 진짜 먹고 싶을 때는 2인분 주문하기도 했고 어떨 때는 그마저도 거절당했다. 지역 특산물을 이용한 음식들 대부분은 한상차림이 많기에 그렇다. 특산물을 활용한 음식들이 거창할 필요는 없다. 편하게 먹는 음식 재료가 되면 그만이다. 굳이 교수나 유명한 셰프들에게 특별한 레시피를 구할 이유도 없다. 이 식당에서는 튀김과 떡볶이를 판다. 튀김의 재료가 독특하다. 대부분 코스요리로 맛볼 수 있는 말고기를 튀긴다. 시뻘건 숯이 있는 불판 위에서 구워야 제맛인 흑돼지도 튀긴다. 탕으로, 찜으로 먹는 멜을 봄에서 초여름까지 한정 메뉴로 튀긴다. 맛을 떠나 다른 곳과 달리 특산물을 활용하면서 차림새의 힘을 뺐다. 떡볶이와 멜튀김을 주문했다. 바싹하게 잘 튀긴 멜튀김은 지금까지 먹었던 멜 요리 중에서 가장 맛있었다. 심지어 떡볶이도 맛있었다. 여럿이 온다면 말고기튀김이나 흑돼지튀김도 주문했으면 좋았겠다는 생각이 들었다. 아니면 메뉴에 모둠이 있으면 혼자 여행하는 이들도 조금 더 다양하게 먹을 수 있을 듯싶었다. 식당 이름이 '말이'다. 김말이에서 '김'만 뺐다고 한다.

제주는 우리나라 광어 양식의 메카다. 전국 생산량의 60%를 생산한다. 횟감으로는 우럭과 함께 국민 생선 반열에 오른 탓에 굳이 제주도까지 가서 광어회를 찾는 이가 없다. 앞선 말이 식당에서는 대구로 만든 피시앤드칩스 대신 광어로 만든 메뉴가 있다.

제주에서 먹는 광어는 집이나 시내에서 먹었던 광어와는 다른 맛이다. 내가 사는 양천구에서 먹은 광어는 언제 수족관에 들어왔는지 잘 모른다. 광어가 수조 차에 실려 경매에 부쳐지고, 경매인, 도매인 등등을 거쳐야 식당 수족관 도착이다. 그사이 광어는 먹이 활동을 못 한다. 양식장에서 채웠던 에너지를 숨 쉬며 살기 위해 소진한다. 광어

말이

곰막

근육의 지방과 포도당이 시나브로 사라진다. 맛이 점차 말 그대로 담백해진다. 제주에서, 특히 바닷가 양식장 옆에서 먹는 광어는 단맛이 돈다. 굳이 거나하게 한 상 차려 놓고 먹을 필요가 없다. 국수 한 그릇에 수북이 담긴 광어회만으로도 충분히 맛을 음미할 수 있다. 원래는 광어로 만든 생선가스를 먹으려고 했지만 준비가 안 된 탓에 식당을 돌아 나왔다. 해안도로를 타고 세화로 가다가 회국수 한 그릇 할 요량으로 '곰막'이라는 식당에 들어섰다. 보통 회국수라 하면 가자미 아니면 명태를 무친 것이 나온다. 이곳에선 제주답게 광어회를 인절미 썰듯 두툼하게 썰어 내 왔다. 이웃한 양식장에서 바로 받아 오기에 광어회에 단맛이 가득했다.

식당에서 광어가 예전만큼 많이 팔리지 않는다고 한다. 제주의 동쪽 해안도로에는 전복밥 파는 곳이 상대적으로 많다. 전복은 배 타고 완도에서 넘어온 것이다. 오롯이 제주의 맛을 느끼기에는 5% 부족하다. 회국수처럼 힘을 뺀 메뉴가 많아지면 광어 소비도 그만큼 많아지지 않을까 한다. 제주 동쪽을 여행한다면 광어 회국수 강추다.

제주 시내에서 짬뽕을 먹으려면 어디가 좋을까? 정답은 국수거리다. 1970년 서문시장 근처에 오픈한 '북경반점'이 현재는 국수거리에서 영업하고 있다. 11시 40분, 점심시간 전에 들어서니 테이블의 반 이상이 벌써 손님으로 차 있었다. 주문하고 기다리는 사이 자리는 가득 차고 대기까지 생겼다. 주변 사무실 사람들과 나이 지긋하신 손님들이 섞여 있다. 야끼짬뽕을 주문했다. 같이 간 일행은 짬뽕 곱빼기를

북경반점

주문했는데 양이 상당했다. 허접하지 않은 재료를 사용하기에 양만 많은 것이 아니라 맛도 풍부했다. 야끼짬뽕은 조금 있는 국물에 배인 매콤함이 좋았다. 노년의 부부가 주문한 만두 모양새를 보니 주문을 하지 않고는 못 배겼다. 모양새만큼 맛있었다. 제주에서 얼큰한 국물이 당긴다면 여기다.

상점 정보

- 말이 **주소** 제주도 제주시 구좌읍 세화1길 40 **전화** 010-7146-4567
- 곰막 **주소** 제주도 제주시 구좌읍 구좌해안로 64 **전화** 064-727-5111
- 북경반점 **주소** 제주도 제주시 전농로 117 **전화** 064-722-4256

제주도 서귀포

겨울

1년 중 제주가 가장 맛있어지는 시기, 겨울

구획 정리가 깔끔한 서귀포 오일장

2월, 제주로의 여행은 여유롭다. 물론 여행 가는 사람은 많지만, 성수기에 비하면 한가하다. 성수기 편도 요금으로 왕복 항공권을 끊을 수 있거니와 렌터카, 숙박료 할인도 커 한층 가벼운 마음으로 떠날 수 있다. 새벽에 출발하는 비행기는 2~3만 원대도 많아 조금만 부지런하다면 비용 부담은 더 가벼워진다. 게다가 2월의 제주는 1년 중 가장 맛있는 것들이 많이 난다.

보통은 일 년에 4~6회 정도 제주에 간다. 올해는 1월에 이어 벌써 두 번째다. 하우스 감귤이 가장 맛있는 6월, 타이벡 감귤이 나오는 9월, 노지 감귤이 제철인 12월, 만감류인 황금향, 레드향, 한라봉, 천혜향 그리고 4월과 5월 사이에 나오는 카라향을 마지막으로 감귤 농사가 끝나면 출장도 끝난다. 감귤 농사를 짓는 분들은 5월이 농한기로, 하우스 감귤이 나오기 전 잠시 쉬어 가는 달이다.

한라산을 등지고 장터를 잡은 서귀포오일장. 4, 9일 장이다. 날 좋은 날은 백록담이 손에 잡힐 듯 보인다. 생선, 채소, 과일, 건어물 등 다양한 상품을 가지고 오일장에 모이는 상인은 대략 6백 명. 오롯이 제주의 것만 있는 것은 아니지만, 계절에 따라 상품이 바뀐다. 대형 할인점은 출입구가 한두 개지만 오일장은 사방이 출입구다. 사람이 많이 드나드는 넓은 출입구가 메인 스트리트다. 과일전 위쪽으로 식당가가 있는데 장이 서지 않더라도 식당 문을 연다. 대부분 고기국수와 순댓국 위주로, 제주시나 서귀포시의 이름난 식당 못지않게 맛도 괜찮고 양 또한 푸짐하다. 게다가 줄 설 필요가 없기에 더더욱 좋다. 하나 있는 중국집에서는 고기국수 대신 고기짬뽕을 낸다. 고기국수를

빙떡

중화풍으로 재해석한 음식이다. 맑은 육수 대신 얼큰한 짬뽕 국물로 나와 매력적인 맛이다.

빙빙 만다고 해서 빙떡. 강원도에서 총떡, 병떡이라 부르는 메밀전병의 제주도 버전이다. 제주는 국내 제일의 메밀 생산지다. 강원도 메밀이 유명하지만, 생산량은 제주가 1위다. 그다음이 경상북도고 강원도는 세 번째다. 《메밀꽃 필 무렵》은 강원도를 배경으로 쓴 소설이지만, 그 무렵에 지금처럼 제주도를 오갈 수 있었다면 아마도 제주가 배경이 되지 않았을까 싶을 정도로 제주에는 메밀밭이 많다. 드라마 〈도깨비〉의 메밀꽃 장면도 제주다. 그런데 메밀의 생산량은 많아도 메밀 맛을 오롯이 즐길 수 있는 메뉴는 한정적이다. 접착뼛국이나 몸국에 넣는 정도이거나, 다른 재료에 묻혀 사용하기 때문이다. 그나마 빙떡이 제주의 메밀 맛을 즐길 수 있는 음식이다. 기름을 살짝 두른 철판에 반죽을 부친 다음, 참기름으로 무친 무채를 넣고 말기만 하면 끝난다. 만드는 법은 단순하지만 맛에는 제주의 2월을 품고 있다. 2월은 다디단 월동 무 수확이 한창인 때다. 단맛이 잔뜩 든 무채에, 참기름 그리고 구수한 메밀 향이 더해진다. 어디서든 먹을 수 있는 길거리 음식과 달리 제주의 맛을 제대로 볼 수 있다. 게다가 하나에 1천 원, 세 개에 2천 원이니 가격까지 저렴하다.

동트기 전부터 시작한 장사 준비가 얼추 끝나면 상인들도 아침 식사를 한다. 매일 영업하는 식당으로 가 막걸리 한 잔에 아침을 들기도 하지만 대부분은 식당에서 아침을 주문해 그 자리에서 먹는다. 채소전과 그릇 가게 사이에 몇몇 식당이 장사 준비에 바쁘다. 오일장 서는

분이네

날만 문 여는 식당들이다. 하루 장사할 음식 준비하고 틈틈이 배달도 다니는 모습이 분주하다. 몇 집 중에서 아들내미까지 나와 배달하는 '분이네'에 자리를 잡고 순댓국을 주문했다. 잘 삶은 머릿고기와 내장, 순대가 가득 든 국과 갓 지은 밥이 나왔다. 얼큰한 국물에 실한 건더기, 7천 원이란 돈이 미안해지는 맛과 양이다. 장이 서는 날, 해장하기 딱 좋다.

시장 구경을 하다 보니, 멀리 소줏고리가 보였다. 소주를 내리나 싶어 다가가니 소주는 아니었다. 1993년부터 한경읍 소수리에서 허브 농장을 운영하는 농장주가 즉석에서 에센스를 추출하고 있었다. 두어 시간 추출하고 분리하는 깔때기에 넣어 오일과 에센스를 분리한다. 오일은 모아서 비누를 만들고, 에센스는 스프레이 통에 희석하지 않고 원액 그대로 담는다. 한 병 3천 원으로 선물용으로도 부담 없다. 다른 시장에 없는 향기다.

모슬포 방어 낚시는 야행성 오징어를 잡는 한밤중부터 시작한다. 밤에 잡은 오징어가 방어를 유혹하는 향기로운 미끼다. 초겨울까지는 자리돔을 잡아 미끼로 쓰지만 한겨울에는 오징어가 대신한다. 오징어를 잡아 항구로 돌아와 잠시 휴식을 취하고 동틀 무렵 방어잡이에 나선다. 낚싯바늘에 오징어를 통으로 꿰어 던져 방어를 잡는다. 그물로 잡는 동해와는 다른 모슬포 방식이다. 그물 속에서는 이리저리 부딪히는 사이 상처가 많이 난다. 낚시로 잡은 생선은 그물로 잡은 것보다

방어회

방어축양장

스트레스를 덜 받는다. 한 마리, 한 마리씩 잡는 방식이라 회를 떠도 다른 곳보다 깔끔하다.

입춘이 지나면 방어의 인기는 시나브로 잦아든다. 입춘이라는 글자가 주는 봄에 대한 기대감이 방어 철이 끝났다는 암시이기도 해서 찾는 이가 적어진다. 입춘은 육지에 봄이 온다는 의미지만 바다는 비로소 겨울에 접어든다. 바다의 한겨울은 음력으로 2월, 양력으로 치자면 3월이다. 3월의 바다는 영등철로 수온이 가장 낮게 내려가는 시기다. 육지로 치자면 대한의 추위라 할 수 있다. 3월이 지나면서 비로소 방어 철이 끝나고 보리 순이 크기 시작한다. 더불어 부시리가 맛이 든다.

2월 중순, 여전히 맛있는 방어가 많이 잡힌다. 모슬포 축양장을 찾은 그 전날도 천여 마리가 잡혔다고 한다. 찾는 이가 적고, 잡히는 양은 비슷하니 가격이 한창때보다 저렴하다. 모임이 많아 가장 비싼 12월의 경매가가 1kg에 3만 원 전후였다면 지금은 1만 5천 원 전후다. 저렴하게, 혹은 푸짐하게 방어회를 즐길 수 있을 때가 바로 지금부터 3월 중순까지다.

식당 두 개가 전부인 작은 마을 남원읍 태흥리 포구. 경매장도 마을 규모에 맞게 아담하지만 제주도에서도 이름난 옥돔 산지인지라 포구 앞에 옥돔 표석이 오가는 이를 반긴다. 경매에는 백조기나 붕장어도 나오지만 역시 주인공은 옥돔. 아직은 많은 양이 나오지 않아 한 마리에 경매가가 2~3만 원이다. 어촌계에서 운영하는 식당에서 당일

태흥리어촌계식당

잡은 것을 구이로 내는데 경매가가 높다 보니 식당에서 파는 가격도 높다. 여럿이 갔으면 한 마리 맛볼 요량으로 주문하겠지만 혼자 다니는 처지라 회덮밥을 주문했다. 사실 옥돔보다는 회덮밥이 더 끌려 찾아간 곳이기도 하다.

회덮밥의 재료는 매일 바뀐다. 어촌계에서 잡은 것만 올린다고 하는데, 식당 찾은 날은 운 좋게 9kg짜리 부시리가 덮밥의 재료였다. 철은 아직 이르지만 대부시리의 차진 식감과 비빔 재료인 양배추의 제철 단맛이 어우러져 맛이 없을 수가 없었다. 회덮밥 재료로 무엇이 올라가도 한 그릇에 1만 2천 원이다. 올레길 4코스 중간이라 올레꾼들도 자주 찾는 집이다.

무늬오징어는 오징어 계의 절대 '갑'이다. 크기나 맛으로 둘 다 갑이다. 갑오징어는 뼈대만 튼실할 뿐 무늬오징어와 비교하면 을이 된

바다수산

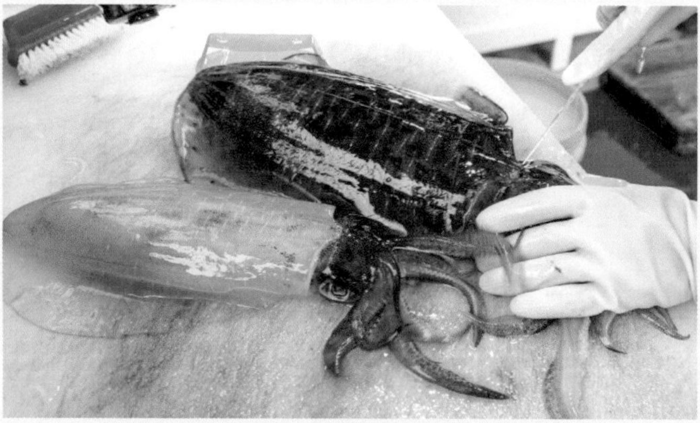

다. 무늬오징어는 가을부터 초봄까지 난다. 동해안과 남해안, 일부 서해안에서도 나지만 잡히는 양이 적어 현지에서 소비된다. 즉, 현지에서 나는 철에 잘 찾아야 겨우 맛볼 수 있다는 이야기다. 가을에서 겨울 사이, 제주 출장을 가면 간혹 서귀포올레시장에 들러 무늬오징어를 산다. 회 떠주는 곳 중에서 한 곳, 바다수산에서만 판다. 회를 떠서 숙소에서 먹는 것도 좋지만 오징어 신경만 끊어 달라고 해서 포장을 한다. 회보다는 데침이 무늬오징어 맛을 즐기는 제대로 된 방법이다. 데치면 회에서 느낄 수 없었던 묘한 단맛이 있다. 시세는 날마다 다르지만 지금까지 경험으로는 1kg에 2~3만 원 사이이다. 작은 것은 두 마리 정도, 큰 것은 한 마리가 1kg을 훌쩍 넘는다.

무늬오징어는 오징어라 부르지만 사실은 한치와 같은 꼴뚜기과다. 어물전 망신은 꼴뚜기가 시킨다는 속담은 이제는 그만 써야 한다. 현대의 어종 분류 체계에서는 맞지 않는 속담이다. 27년 차 식품 MD가 제주 가면 다른 것은 안 사도 무늬오징어는 꼭 사는 이유는 별거 없다. 맛있기 때문이다. 항상 있는 것이 아니므로 전화 문의는 필수다.

상점 정보

- 태흥리어촌계식당 **주소** 제주도 서귀포시 남원읍 남태해안로 509 **전화** 064-764-4487
- 바다수산 **주소** 제주도 서귀포시 중정로61번길 6 **전화** 064-762-5577

제주도 서귀포시 대정

겨울

규모는 작아도
제주에서 가장 옹골찬 시장

지난 12월에 제주 출장을 다녀오고 한 달도 안돼 제주 출장이다. 매달 다른 감귤이 나오기에 출장이 잦다. 수확이 끝나는 노지 감귤, 막 시작하는 레드향이 교차하는 시기가 1월이다. 레드향은 일본에서 육종한 품종이다. 초창기에는 누군가의 실수로 한라봉과 서지향을 교배했다고 알려졌는데, 실제는 서지향에 병감이라는 품종을 교배해 만든 감귤이다. 검증 없이 기사와 글을 쓰다 보니 잘못 알려진 것이 정설처럼 됐다. 이는 한라봉과 천혜향을 교배해 황금향을 만들었다는

당근

대정오일장

37
혜영수산
010-2690-2928
36
제주협재수산
010-3691-1750
43
제주협재수산
010-3691-1750
44
제주협재수산

기사도 매한가지다. 황금향은 2005년 일본 에히메현에서 남향과 천초를 교배해 만든 품종으로 정식 명칭은 에히메28호다.

제주의 겨울은 바쁘다. 따로 농번기가 없을 정도다. 제주 서쪽의 대정, 화순, 한림은 양배추, 마늘 농사가 많다. 제주의 동쪽은 당근이며, 월동배추나 무, 감자 생산이 많다. 구좌, 조천의 큰 도로변을 벗어나면 당근밭을 손쉽게 볼 수 있을 정도다. 당근이라는 게 홍당무로도 알려져 무하고 사촌지간으로 오해하기 쉽다. 실상은 미나리 집안이다. 특유의 향은 집안 내력이다. 이 수많은 당근밭 중에서 유기농이면서 즙용으로 딱 맞는 당근을 재배하는 곳이 있다. '제주로의농부여행'은 서울 광고대행사에서 일하던 이가 7년 전에 귀농해 운영하는 농장이다. 당근은 특별히 찾거나 박스 단위로는 잘 사지 않지만 여기 당근은 겨울이 되면 박스로 산다. 당근이 뭐 맛있어 봤자 당근이지 생각하겠지만, 단맛이 아예 다르다. 당근즙을 내서 마시면 손맛 좋은 이가 설탕이나 시럽을 적절하게 탄 듯한 맛이 난다. 단맛이 과하지도 않고 모자라지도 않다.

제주에 있는 시와 읍, 면에는 크기만 다를 뿐 여러 오일장이 선다. 그중에서 제주시, 서귀포시, 제주시 구좌읍 세화 그리고 서귀포시 대정읍 네 개가 크고 볼거리가 많다. 앞선 세 곳은 일전에 다녀왔고 이번에는 끝으로 대정오일장을 다녀왔다.

시장 한 바퀴 돌았다. 다른 시장처럼 잡화, 과일, 채소, 곡류, 분식 등 매대 구성은 크기만 다를 뿐 비슷했다. 어물전에도 다른 오일장처럼 사람이 많았다. 슬쩍 지나가며 본 생선의 선도가 좋았다. 모슬포항 바로 옆이라 그런 듯싶었다. 사람들은 부세, 참조기, 옥돔, 갈치, 고등어 등 익히 봐왔던 생선에 관심과 지갑을 열었다. 나도 어물전에서 지갑을 열었다. 다만, 다른 이의 눈길에서 벗어나 있는 '삼치'를 골랐다. 겨울 삼치의 농후한 지방의 맛을 아는 사람들은 안다. 불행히도, 어쩌면 다행스럽게도 아는 사람이 드물다. 생선구이 전문점에서 고등어보다 조금 큰 크기의 삼치만 맛본 이들이 많다. 인천의 삼치 골목에 가도 크기가 비슷하다. 고등어보다는 크지만, 사실은 삼치 새끼다. 제대로 된 삼치 맛을 보려면 적어도 1m 전후 크기의 삼치여야 한다.

제주 추자도 근해에서 삼치가 많이 잡힌다. 생선 좌판에 놓인 삼치 선도가 기가 막히게 좋았다. 눈을 보니 물속에 던지면 낚싯바늘을 피어싱한 채 헤엄칠 것 같은 정도다. 가격은 착함 그 자체였다. 조금 작은 것은 한 마리 1만 5천 원, 큰 것은 2만 원이다. 큰 것 두 마리 무게를 재니 5kg 남짓. 그날 700~800g 정도 하는 갈치 한 마리가 8만 원 정도 했다.

제주 하면 갈치가 유명하다. 가격이 비싸니 당연히 맛있을 거라 생각한다. 50대인 내게 고등어, 꽁치, 갈치는 예전에는 흔히 볼 수 있는 반찬용 생선이었다. 갈치가 귀해져 가격이 올랐을 뿐 맛까지 오른 것은 아니다. 삼치는 큰 것이 잡히면 몇 년 전까지는 일본으로 수출했다. 국내에는 수출하지 못하는 크기의 삼치만 유통했다. 그나마 여수, 해남, 추자도 등 산지에서만 제대로 된 삼치를 맛볼 수 있었다. 사 온 삼치 두 마리는 구이용과 조림용으로 손질하니 어른 손바닥 크기로 열

여섯 개가 나왔다. 대형 할인점에서 이 정도 삼치 구경하기도 힘들지만 있어도 두 조각 든 팩 하나에 9천 원 내외였다. 큰 삼치의 맛은 보드랍고 고소하다. 겨울 제주 바다가 주는 선물 중에서 가장 뛰어난 맛이 아닐까 싶다. 여태껏 갈치 맛만 알았다면 물 좋은 삼치를 그냥 지나쳤을 것이다. 시장 볼 때 제철 재료를 알면 좋은 이유가 여기에 있다.

흑돼지는 제주에 가면 누구나 먹는 음식이다. 큰 덩어리의 근고기를 불판에 올려 굽고는 짭조름한 멜젓으로 맛을 더한다. 지방의 농후함과 멜젓의 감칠맛이 맛나 맛없기 힘든 음식이다. 제주도 흑돼지 중에서도 제주도에서 관리하는 특별한 흑돼지가 있다. 재래종의 품종관리를 통해 일부는 연구소에서 관리하고 나머지는 일반 농가에 분양해서 사육을 유도한다.

'연리지가든'은 흑돼지를 사육하면서 식당도 운영하는 곳이다. 몇

연리지가든

년 전에 제주도에 있는 후배가 알려줘서 사육장도 보고 협재해수욕장 옆 식당에서 맛을 봤었다. 2년 전인가 식당을 찾았다가 만화방으로 바뀌어 낙담했는데 알고 보니 농장 옆으로 식당을 이전한 것이었다. 여기는 보통 고깃집과 달리 부위별 판매가 없다. 앞다리, 목살, 삼겹살 모둠을 인원수대로 주문하는 방식이다.

전후 사정을 모르고 고기를 받으면 놀란다. 살보다 비계가 많은 모양새를 보고 말이다. 흑돼지는 13개월 이상 키운다. 그렇게 키워도 무게가 70kg 내외다. 6개월이면 130kg까지 성장하는 백돼지와 아주 다르다. 오래 키우면 배에 지방이 많이 낀다. 삼겹에서 살이 있던 자리를 지방이 차지한다. 지방이 많은 고기에 실망이 앞선다. 하지만 입안에 고기를 넣는 순간 실망은 사라진다. 익히 알고 있던 돼지비계의 물컹한 식감과 다른 쫄깃함이 있다. 게다가 쫄깃하게 씹히다가 이내 부드러운 크림치즈처럼 녹으며 내주는 지방의 농후한 맛이 일품이다. 여기는 제주 고깃집에 으레 있는 멜젓은 없다. 고기 자체가 맛있으니 구울 때 뿌린 소금이면 족하다. 맛보면 흑돼지 맛의 기준이 바뀐다.

한 번 가봐야지 하다가 허구한 날 까먹고 공항 입구에서 생각나던 식당이 있었다. 제주의 재료로 제주의 맛을 내는 '낭푼밥상'이다. 요번 출장길에는 한 가지 일을 끝내고 바로 식당으로 가서 밥을 먹었다. 식재료 대부분은 제주에서 난 것들이다. 주메뉴는 가문잔치정식. 제주에서는 잔치가 있을 때면 돼지를 잡는다. 이때 도와준 친척이나 이웃들과 잔치 전날부터 감사 표시를 하며 흥을 돋았던 전통이 있다. 돼

낭푼밥상

지 삶은 것을 나누던 것을 한 상 차림으로 응용했다. 삶은 고기와 순대가 오르고, 고기 삶은 육수는 톳과 푸른콩 된장으로 맛을 내 몸국으로 낸다. 몸국은 자극적인 맛이 없어 오히려 심심하다 느낄 정도다. 그런데 심심하면서도 묘한 여운이 있어 수저를 계속 들게 된다. 따로 주문한 고기국수도 맛있었다. 일 년에 많으면 예닐곱 번, 적으면 네 번 정도 출장 다니는 제주에서 20년 동안 먹어 본 고기국수 중 가장 국물이 순했다. 이리저리 치고 다니는 짠맛이 없고 간이 적절했다. 앞으로 제주에서 고기국수를 먹는다면 여기가 첫 번째다.

예부터 쌀이 귀했던 제주. 대신 밭작물인 보리는 잘 자라기에 보리로 만든 떡이 쌀떡을 대신하기도 했다. 밀가루는 더 귀했을 것이다. 시간이 흘러 거친 보릿가루를 차진 밀가루가 대신하면서 떡은 빵이 되었다.

하례감귤점빵협동조합

애월이나 조천에 보리빵집이 성업 중이다. 제주에서 감귤꽃이 가장 빨리 피고, 맛좋은 감귤을 생산하는 효돈에 2017년 협동조합이 탄생했다. 그 이름은 하례감귤점빵협동조합. 제주 보리떡의 다른 이름인 상웨떡에서 이름을 빌린, 상웨빵을 만들어 판매하는 협동조합이다. 마을 사람들 중심으로 운영과 생산을 한다.

제주시의 보리빵은 팥과 쑥의 유무에 따라 종류가 갈린다. 보리빵이 거기서 거기일 거 같지만 이곳의 상웨빵은 팥 대신에 감귤이나 한라봉으로 소를 채웠다. 소가 없는 플레인과 쑥까지 총 네 가지가 있다. 플레인은 살짝 쪄서 감귤꿀이나 잼을 발라 먹으면 맛있다. 나머지 세 가지는 그 자체로 맛있다. 하례감귤점빵 매장에 방문해 구매하거나 전화 주문이 가능하다.

상점 정보

- 제주로의농부여행 **주소** 제주도 제주시 구좌읍 송당5길 68-118 **전화** 010-3378-1929
- 연리지가든 **주소** 제주도 제주시 한경면 두조로 190-20 **전화** 064-796-8700
- 낭푼밥상 **주소** 제주도 제주시 연동6길 28 **전화** 064-799-0005
- 하례감귤점빵협동조합 **주소** 제주도 서귀포시 남원읍 하례로 272 **전화** 064-767-4545 **홈페이지** haryeshop.kr

에필로그

강원도 철원, 삼척, 횡성, 원주, 속초

충청도 청주, 조치원, 청양, 음성, 공주, 진천, 증평, 천안, 아산, 당진, 계룡, 논산, 보은, 금산, 영동, 단양

전라도 김제, 부안, 정읍, 전주, 진안, 장수, 임실, 순창, 화순, 장성, 보성, 광양, 강진, 신안, 진도, 나주, 광주

경상도 함안, 거제, 김해, 밀양, 성주, 상주, 창녕, 양산, 기장, 울산, 고령, 경산, 영천, 칠곡, 의성, 청송, 예천, 군위, 영주, 울진, 거창, 울주, 청도, 달성

62개 시군, 앞으로 가야 할 곳이다. 경기도를 제외하고도 이만큼이다. 경기도까지 헤아린다면 더 늘어난다. 경기권은 맨 나중에 갈 생각이다. 사람이 차고 넘치는 곳보다는 사람 그리워하는 곳에 먼저 발길이 간다. 시작하는 말에서 언급했듯 지역 소멸을 누구나 이야기한다. 불편함을 감추거나 아니면 대놓고 이야기해도 속 시원한 해답이 없다. 큰일은 나라에서 할 것이다. 작은 것부터 했으면 하는 마음으로 다니고 글을 썼다. 내 책이 지역의 오일장을 찾는 재미를 준다면, 한 사람이 더 시장을 찾아 준다면 그걸로 된 거다. '그러면 된 거다' 내가 자주 하는 말버릇, 글 버릇이다. 살아오면서 차를 폐차 시킬 정도의 큰 사고와 두 번의 큰불을 겪고 버릇처럼 하는 말이다. 말을 살짝 바꾸면, 차는 폐차해도 내가 살아 있으면 된 거다 이렇게 말이다. 힘듦이 찾아와도 좌절보다는 그 안에서 긍정을 찾는다. 어려움이 준 선물이다.

신문 연재를 10회 정도 진행했을 때 출판사 두 곳에 출간을 제안했다. 두 곳 모두에게 그럴만한 까닭으로 거절당했다. 오일장은 돈이 되지 않는 아이

템. 2019년의 현실이었다. 하지만 새옹지마라고, 코로나로 인해 외국에 나가지 못하는 사람들이 국내 여행을 다니기 시작했다. 서점에 나온 여행서 대부분이 제주 여행 관련 서적이라는 것이 이를 반증한다. 그로 인해 연재로 끝날 원고가 책으로 나오게 됐다.

남들 안 하겠다는 원고를 무려 두 권이나 용감하게 계약한 상상출판 유철상 대표께 심심한 감사의 인사를 드린다. 문맥 안 맞는 글을 다듬고, 다듬어 주신 두 편집자, 박다정(1권) 님과 정은영(2권) 님께도 고맙다는 인사를. 원고 연재의 시작을 열어주고는 홀연히 떠나 사업체를 운영하는 김형규 대표와 여전히 세상에서 내 원고를 가장 먼저 읽어 주시는 경향신문 장회정 팀장님에게도 고마움의 마음을 보낸다. 끝으로 사장(死藏)될 원고를 상상출판에 추천해 준 친구 구완회 작가에게도 고맙다는 말을 전한다.

지금까지 취재한 69개의 시장 중 65개 시장 이야기가 책으로 엮여 나왔다. 앞으로 3권이 나올지는 모르겠다. 그와 상관없이 시장이 열리는 한 나는 갈 것이다. 가고, 보고, 먹고, 찍고, 쓰고 할 것이다. 내일도 취재를 떠난다. 거제로 말이다.

떠나면 된 거다.

김진영

전국 오일장과 지역의 맛을 찾아서

가는 날이 제철입니다

초판 1쇄 2022년 1월 15일
초판 2쇄 2022년 7월 15일

지은이 김진영

발행인 유철상
편집장 홍은선
디자인 노세희, 주인지
마케팅 조종삼, 윤소담
콘텐츠 강한나

펴낸곳 상상출판
출판등록 2009년 9월 22일(제305-2010-02호)
주소 서울특별시 성동구 뚝섬로17가길 48, 성수에이원센터 1205호(성수동 2가)
전화 02-963-9891(편집), 070-7727-6853(마케팅)
팩스 02-963-9892
전자우편 sangsang9892@gmail.com
홈페이지 www.esangsang.co.kr
블로그 blog.naver.com/sangsang_pub
인쇄 다라니
종이 ㈜월드페이퍼

ISBN 979-11-6782-051-8 (03980)